人工智能与大数据应用研究

李惠燕　秦何　张峰　著

延吉·延边大学出版社

图书在版编目（CIP）数据

人工智能与大数据应用研究 / 李惠燕，秦何，张峰著. -- 延吉 : 延边大学出版社，2024. 5. -- ISBN 978-7-230-06632-7

Ⅰ. TP18; TP274

中国国家版本馆 CIP 数据核字第 2024VK9087 号

人工智能与大数据应用研究

著　　者：李惠燕　秦 何　张 峰
责任编辑：朱秋梅
封面设计：文合文化
出版发行：延边大学出版社
社　　址：吉林省延吉市公园路 977 号　　邮　　编：133002
网　　址：http://www.ydcbs.com
E-mail：ydcbs@ydcbs.com
电　　话：0433-2732435　　传　　真：0433-2732434
发行电话：0433-2733056
印　　刷：三河市嵩川印刷有限公司
开　　本：787 mm×1092 mm　1/16
印　　张：10.5　　字　　数：202 千字
版　　次：2024 年 5 月 第 1 版
印　　次：2024 年 7 月 第 1 次印刷
ISBN 978-7-230-06632-7

定　　价：68.00 元

前　言

人工智能的出现引起了人类的关注和自我怀疑，让人类在人工智能的能力边界和价值边界上产生了困惑，也在科技伦理上出现了重大分歧。因此，在充分开发人工智能的同时，对人工智能的本质和价值进行哲学反思是非常必要的。作为依据和参照，智能首先需要反思。智能是生命主动适应外在环境的自然性生成，也是人类社会实践的历史性生成。

人工智能在形式上模仿着人的智能，在效果上超出人们的预期，以至于激发出人们无限丰富的想象和期望。人工智能对人们的生活产生了深远的影响，它可以完成枯燥的重复劳动，可以提高劳动生产率，使人最大限度地从体力劳动或操作性工作中解放出来。因此，人们可以更多、更好地从事创造、情感和思想等工作。

在科技加速发展的今天，人们对科技的重视程度越来越高，因此相关产业和技术部门不断地进行着对人工智能的研究。人工智能是以计算机为基础，通过智能学习、自然语音理解、视觉认知、定位和模块化认知等技术实现的。

随着人工智能技术的飞速发展，其应用范围越来越广，进而影响人们的工作和生活。但是从当前的发展趋势看，人工智能的发展和应用还不够完善，相关产业的技术人员应该深入探讨现代人工智能在计算机信息技术中的运用。

当下，我们生活在大数据时代。大数据对人们的生活产生了巨大影响，其影响之深远超人们的想象。数据已经成为一种资源，甚至是一种基础性资源，而如何管理和利用好大数据成为社会普遍关注的话题。为此，学术界也对其展开了广泛而深入的研究。

大数据时代带来了思维方式的变革，例如从样本思维向总体思维转变、从精确思维向容错思维转变、从因果思维向相关思维转变。思维方式的变革又引发了研究方法的变革，许多领域的研究方法开始发生转变。大数据研究是一个典型的跨领域研究方向，在数据的采集、存储、传输、管理、安全和分析等诸多方面均面临着技术变革和创新。无论是在物理学、生物学、环境生态学等领域，还是在金融、通信、贸易等行业，大数据无处不在、无时不在。

信息技术与经济社会的交汇与融合引发了数据量的迅猛增长，数据已成为国家基础性战略资源之一。数据量的飞速增长带来了大数据技术和服务市场的繁荣发展。大数据技术与应用正对全球生产、流通、分配、消费等活动以及经济运行机制、社会生活方式等产生重要影响。

大数据技术是一项多学科交叉融合的技术，凝聚了多学科的研究成果，其应用越来越广泛，并凸显出巨大潜力和应用价值。许多企业都开始意识到大数据的重要作用，开始组建专业团队进行大数据分析，以期从大数据中挖掘出有利于自身的信息，产生新的理解，并作出越来越精准的预测。但大数据中也暗藏着风险与隐患，如信息被非法访问、信息泄露、信息可信度低等，企业应提高警惕，提前做好防范工作。

余涛、杨晓波参与了本书的审稿工作。在编写的过程中，笔者参阅了相关的文献资料，在此谨向其各位作者表示衷心的感谢。由于笔者水平有限，书中内容难免存在不妥和疏漏之处，恳请广大读者批评指正，以便进一步修订和完善。

目　　录

第一章 人工智能概述

第一节 人工智能哲学

人工智能的出现引起了人类的关注和自我怀疑，让人类在人工智能的能力边界和价值边界上产生了困惑，也在科技伦理上出现了重大分歧。因此，在充分开发人工智能的同时，对人工智能的本质和价值进行哲学反思是非常必要的。作为依据和参照，智能首先需要反思。智能是生命主动适应外在环境的自然性生成，也是人类社会实践的历史性生成。智能作为人的本质力量，不是简单的推理能力，而是统一“知、情、意”的直觉能力。人工智能在形式上是物理运动，有别于智能的生命运动和社会运动；在本质上是智能的模仿、数理逻辑规则的物质化。人工智能没有替代或超越智能的可能，它现在不具有社会性，将来也不会具有社会性，更加没有主体地位。

过去没有任何一项科学或技术像人工智能一样，能够激起人们的热切关注、复杂情感及自我怀疑。人工智能仿佛预言着人类的自由和未来将面临的挑战。霍金和加里斯曾预言人工智能是人类的挑战者和终结者，但还有许多人认可人工智能的超人能力和社会性，而这两个方面对人类而言极有可能带来毁灭性。

人类的困惑主要集中在两个方面：一方面是人工智能的能力边界；另一方面是人工智能的价值边界。它们是硬币的两面，能力边界在实践上决定了价值边界，价值边界则在理论上影响着能力边界。与诸多困惑和分歧的生成一样，人们没有真正反思和直面人工智能的勇气，观点基本上停留在直观化意见或情绪性判断上。在思维逻辑上，含混不清的概念扰乱了人们的思维，内涵失范的概念制造了分歧；在思维方法上，目的与规律、主观与客观的不匹配，既可能造成“夜郎自大”，又可能造成妄自菲薄。所以，人们应该明确人工智能的概念，从人工智能的本质出发去验证人们的判断，从理论上触摸人工智能的能力边界和价值边界。

一、智能的定义

无论是中文的“人工智能”，还是英文的“Artificial Intelligence”，都是一个偏正词组，人工（artificial）是修饰语，中心词是智能（intelligence）。所以，首先需要明确智能的概念，然后再明确人工智能的概念。

在汉语语境中，智与能是两个相对独立的概念，智是智慧或见识，能是能力或才干。“所以知之在人者谓之知，知有所合谓之智。所以能之在人者谓之能，能有所合谓之能。”智与能联合起来就是指认识世界和改造世界的能力。在意识领域，智能可以理解成认知能力与决策能力。

荷马时期的“智”近似于汉语语境的“智能”，泛指精熟于某种知识或技能。优秀的雕刻匠、造船工、战车驭手都被称为“智者”。

轴心时代的“智”指脑力劳动，包括哲学、科学、艺术或政治等脑力劳动。

智者学派以掌握知识和论辩技巧为“智”，于是“智”脱离了对象的具体性，抽象为一般性的思维能力。

毕达哥拉斯用抽象的原则说明了感性经验，并开辟了一条理性主义道路。

巴门尼德规定了理性主义最基本的原则，即确定性，所以不具有确定性的感性认识就不是“知识”，而是“意见”。

苏格拉底从内容和原则上确立了理性主义，树立了理性的权威。他断言，只有智慧能够把握真实的存在（柏拉图称之为“理念”），它是灵魂的根本属性，有别于肉体的意志和欲望。理性主义自此被注入了新的含义，即一种方法论的内涵、一种工具主义的内涵。

斯多葛学派用“理性”替代了“智”对思维的表征，“理性”与“智”都在强调思维的认知功能。斯多葛学派将理念称为理性，即作为人和一切存在的存在依据和存在规范，该学派也将智慧称为理性，认为只有理性，才能把握理性，而理性只有神、天使和人，才能拥有。于是，理性不但具有了方法论意义，而且具有了本体论意义和主体性地位。斯多葛学派为理性主义确立了基本的思想旨趣和思维原则。

2000 多年后，布兰顿表达了几乎完全一致的思想：“用我们的理性和理解能力把我们从万事万物中分辨出来，表达了这样一种承诺，即作为一系列特征把我们区分出来的是智识而非感知。我们与非语言性动物一样，都具有感知能力……而智识涉及的是理解或智力，而非反应性或兴奋能力。”

笛卡尔认为，理性不但应该与情感、意志等分开，在方法论上还等同于“分析”。于是，理性就成了判断“是”与“否”的能力。

弗雷格和罗素完成了理性主义向逻辑主义的最终转变，世界被定义为逻辑的世界，思想是逻辑图像，“事实的逻辑图像就是思想”。最终，理性等同于逻辑运算，并成为人工智能的思想依据。

盖格瑞泽的适应行为和认知科学理论表明，生命行为就是对环境的主动适应，尤其是人的行为。在主动适应环境的过程中，人与环境交替着否定与推动，人的认知能力、实践能力才得以生成和发展。通过人的自我否定，认知能力从表象现象深入到建构本质，从感性认知发展到理性思维，积极建立和积累一般性、普遍性的认识，为解决特殊问题尤其是可能出现的当下问题提供一般性的经验和原则。

可见，认知是决策的前提，并以决策为目的，而学习是提高认知能力的必要手段，也是最高效的手段。在现实生活中，个人可以在个体实践中获得直接经验和新的知识，即“通过结果学习”。但更多的学习内容却是在社会生活中以非遗传的方式在同代和代际中传播，即“通过示范所进行的学习”。知识一经出现，就成了智能行为的基础，智能不再局限于感性经验的累积、分析和抽象的能力，已经上升为知识搜索的能力和寻找答案的能力，实现了智能的再一次质的飞跃。

因此，尽管科学家和哲学家对智能有着千差万别的理解，但却达成了共识：智能所表示的能力不仅限于认知功能，而且有决策能力和学习能力，智能不等于逻辑运算，智能远远大于逻辑运算。

智能可以看作生命进化的最后产物，是具有最高意义的生命行为，是生命解决生活问题的意识能力。根据对人脑已有的认识，结合智能的外在表现，可以确认，智能核心在于思维，它会构建起关于对象规律和本质的抽象性认知。智能来自大脑的思维活动，也可以看作大脑从事思维活动的能力。不过，智的全部能力却是根据智能对自身存在的感知和认知，即自我意识。智能的依据在于自我意识，尤其在于为保证其存在的生命冲动或者由此而延伸出来的主体性意识。智能依据的自我意识不但表现为个体的自我意识，而且表现为人类的自我意识，并被上升为道德范畴，从而成为人类一般的、普遍的意识能力和意识内容。

由于人的社会性，智能理所当然就是社会性行为。加德纳把智能定义为在某种社会、文化环境的价值标准下，个体用以解决自己遇到的真正的难题或生产及创造出有效产品所需要的能力。有效产品既包括物理产品，又包括非物理产品，所以智能的对象既包括物理对象，又包括非物理对象。苏格拉底把“智”上升为对“善”的形而上把握，并赋予其道德和社会意义。在儒家思想体系中，“智”是儒家理想人格的重要品质之一，是道德体系中不可或缺的内容。佛教的“智”指人们普遍具有的辨认事物、判断是非善恶的能力或认识。需要注意的是，多元结构的智能的各个维度并不是独立存在的，因为任何一个维度都不可能独立完成自己的使命，任何一个维度的独立性或特殊性都不在于其自身，而在于当下的问题。斯皮尔曼将智力因素分为了G因素（一般因素）和S因素（特殊因素），并声称智力水平由G因素决定，而非S因素。

人们之所以把智能看作判断“是”与“否”的能力，是因为人们把意识分解为认知、情感、意志三个方面，并把它们隔离开。笛卡尔式的思维方式在分析思维对象的各个侧面或各个要素上是有效的，它适应了人们有限的思维能力和刻板的语言规则。但认识是整体性认识，而整体要大于部分的总和，更为重要的是，人们认识一个对象，并非为了了解它的现象，而是为了把握它对于“我”或者实践的价值，并以此生成意向性思维。如果没有想象力、情感、意志等意识形态，就不可能生成意向性思维，也就不可能理解对象的意义，即不可能把握对象。当这些方面或要素重新复合起来并回归对象本身时，“总和”从来不会等于认知、情感、意志的物理相加。总之，没有无“知”无“情”的“意”，也没有无“知”无“意”的“情”，更没有无“情”无“意”的“知”，任何意识行为都是“知”“情”“意”的统一。

“理性为原理之能力”，从有条件追溯到无条件。人们形而上地分离出认知功能，并把它理解为智能或智力，那么智力就会表现为对量的识别和对质的认识，也就是说，智力表现为认知对象质与量的统一在思维中的重构。人们之所以说“重构”，是因为思维材料收集于认知对象对感官的显现，而思维对材料的处理总是基于思维的能动性。因此，认识不是“再现”或“再建”，而是主体的“重构”，即对象性认识。思维的重构以思维材料为基础，但思维重构的目的却是对意义的发掘。那么，无论是理性的对象，还是理性的过程，一定都有人的主体性和能动性的影响。如果没有主体性和能动性的情感、意志等，理性也就失去了思维的能力和动力。

理性并不是简单的推理能力，虽然它经常表现出对推理的偏好，但意义不会全部涵盖于逻辑，而是会更多地延展在逻辑之外。智能、思维、理性只能是认知、情感与意志的统一，至少以统一认知、情感、意志为必要条件。如果人们把理性认作原理的能力，那么直觉就是最高的理性；如果人们把理性界定为逻辑推理，那么智能在思维方式上就应该以理性为环节，并实现对理性的超越，即直觉。智能只有以直觉为思维方式，才有可能否定工具理性的确定性和必然性假设，也就有可能具有可错性和创造性，从而实现认识世界的两次飞跃、实现改造世界的根本飞跃。人们依靠直觉思维能力，能动地认识世界、改造世界，确立自己的主体地位。

二、人工智能的能力边界

在人工智能的定义中，麦卡锡的定义被多数人所接受。他认为，人工智能就是让机器的行为看起来像人所表现出的智能行为。“看起来像”就表明“不是”，机器的智能不是真正的智能，不过是一种隐喻。人为了可以“偷懒”，将连续的机器动作连接在一起，组装成一个机器“黑箱”，就像洗衣机一样，人们把劳动的若干分解操作动作简化为一个命令输入，然后就静待干净的衣物，在过程中并不需要多次介入机器的运作。利用机器，操作者可以在操作过程中置身事外。于是，人们说洗衣机是智能的，因为洗衣机既减少了人类的体力劳动，又减少了人类的脑力劳动。

这样看来，人工智能的修饰语，即“人工”，明确了人工智能作为创造物的本质是社会实践的工具和产物，即“非天然的”。人工智能是对智能的模仿，准确地说，是对智能工作方式、工作方法和工作过程的模仿，但模仿的只能是赝品，智能与人工智能有着本质上的区别。

因为人工智能没有生命冲动，没有欲望，没有自我意识，所以也就没有自主进化、独立发展的能力，只会发生数据的倍增和公式的卷积。人工智能的全部“行为”限定于操作者自己设定的动作，既不会超出范围，又不会按照自己的目的去改变，它连“自己”的概念都没有。没有自我意识，就没有与环境互动的欲望，也就不存在与环境互动的可能，只有依据预定程序对输入数据进行逻辑运算。

如果智能是人的主体属性，那么人工智能则是人的主体意志的体现。人工智能是人类改造世界的结果，也是人类改造世界的工具，既没有本体论意义，又不具有主体性。因此，人工智能也就没有社会性。人工智能与手机等终端一样，仅仅是社会主体交往的物理中介。一个具有表情等社交能力的机器人为了实现良好的人机互动，智慧代理人需要表现出情绪，至少礼貌地与人类打交道，但这些都是一种人工设定，并不是自觉的主体性行为。人工智能并不是社会交往的主体。

有人提出，弱人工智能没有自主意识，但强人工智能却可以通过极其复杂的程序来推理和思考问题，并制定出解决问题的最优方案，强人工智能甚至有知觉、自我意识、生命本能，以及自己的价值观和世界观。因此，强人工智能可以自我进化，是真正的智能，甚至是高于生命智能的新智能。强人工智能观点认为，计算机不仅是用来研究人的思维的一种工具，而且其本身也是有思维的（需要运行适当的程序）。换言之，机器不再“像”人一样思考、“像”人一样行动，而是“同”人一样思考、“同”人一样行动，并且是理性地思考、理性地行动。这里所说的“行动”，应理解为采取行动或制定行动的决策，而不是肢体动作。真正能推理和解决问题的强人工智能，不仅在哲学意义上是虚无的，而且在科技上也是不可能的，因此人工智能是完全建立在一系列的假设、理想甚至幻想之上的。

强人工智能论坚持逻辑主义原则，把情感和意志等非理性意识形态排除在了思维之外，智能被狭义地定义为逻辑运算能力，即大脑被简化为生物的信息处理器。但是思维不是纯粹的信息编码，推理和决策同样不是逻辑运算，它们的确有信息编码过程、逻辑运算过程，不过这些过程是为意义服务的，而且是在意义的条件下完成的。约翰·塞尔认为，意向性是一种自然或生物现象，是自然生命史的一个组成部分。他的中文屋试验证明，机器可以运行特定程序，以此来处理编码形式的信息，给出一个智能的印象，但它们无法真正地理解接收到的信息。真正的思维是认知、情感和意志的统一，它具有非凡的想象力和创造力，并且是在想象和创造中处理信息、理解信息、作出推理、作出决策。人工智能只是一个模仿式的输入输出过程，完全没有意向性。

强人工智能理论把智力设定为纯粹的逻辑推理能力，纽厄尔、西门明确地表达了这样的观点：智能是对符号的操作，最原始的符号对应物理客体。符号假说奠定了强人工智能论的理论基础，但也完全颠倒了智能与逻辑的关系。思维为有效地把握现象、积累经验，建构起了对象世界，并无限地从具体中抽象出所谓的普遍和一般，也就是广义的逻辑。逻辑是思维的产物，思维建构了逻辑。操作符号的确是智的能力，但智能却不单纯是符号运算；操作符号是评价智力的必要条件，但不是充分条件。逻辑并非对象的普遍和一般，而是思维以注意到的对象的特征为变量建立起来的抽象模型，它的意义并不在于正确地反映对象，而在于有效地实践。因此，即使智能的逻辑思维在一定程度上表现为对符号的操作，但是它既不对应物理客体，又不会体现为永恒，而是对应实践客体，并处于无限的试错当中。

人工智能在认识论上建立，在表征理论之上，在本体论上是逻辑的实体化。人工智能是以表征符号为数据、以电运动为形式、以物理实物为介质的逻辑运算，诸如分析、推理、判断、构思和决策等人工智能活动，包括机器所具有的自动控制能力和根据环境自我调节的能力或者应激性等，其只能按照预先设定的确定性和必然性运行，模糊判断、概率程序、卷积运算、监督学习也不过是设定程序的运行和固定公式的计算。

机器的“智能”被必然性约束在一个既定的封闭空间，即基础算法，不可突破，机器也无法突破。因此，人工智能拒绝错误。从本质上说，所谓错误就是对现有逻辑的破坏，而否定旧逻辑正是建立新逻辑的必要条件。布兰顿认为，错误经历就是实现真理的过程。无论是学习、创造，还是认知，都是旧逻辑的否定和新逻辑的建立。可见，人工智能不可能拥有学习能力，也不可能拥有想象力，自然也就不可能拥有创造力，但是学习力、想象力、创造力是相辅相成、互为因果的。在人工智能中，程序可以无限运行和自我生成，但是全部的运算都是量的扩张与叠加。因此，任何质的发展和创造都会被严格地排除。学习力、想象力和创造力的缺失以及欲望、情感、直觉的不可能，从根本上决定了人工智能只是一台被操控的机器，而不会有真正意义上的“自动”，更谈不上自觉。强人工智能论把智力水平的评价标准设定为信息的存贮能力和计算速度，强人工智能的可能性必然依赖于技术能力无限性的假设，也依赖于科学知识无条件性的假设。强人工智能论几乎将强人工智能机器计算速度设定为无限快。在理论方面，强人工智能的预测也是建立在科学理论没有约束条件的无限推论之上的，但任何科学理论都是有条件的，都是一定条件约束的特例。机器的贮存能力和运行速度一定是有限的，尽管人们努力地放大它们，但这是一个不容忽视的基本事实和理论条件。

三、人工智能的价值边界

人工智能对人们的生活产生了深远的影响，它可以完成枯燥的重复劳动，可以提高劳动生产率，使人最大限度地从体力劳动或操作性工作中解放出来。因此，人们可以更多、更好地从事创造、情感和思想等工作。

人工智能在形式上模仿着人的智能，在效果上超出人们的预期，以至于激发出人们无限丰富的想象和期望。正如爱因斯坦所说的：“我们时代的特征便是工具的完善与目标的混乱。”也许资本推动、也许宣传需要、也许人类关怀，社会出现了三种对人工智能的极端预判：第一种预判充满了乐观和积极，他们把强人工智能赋予了创造人类幸福的力量，人工智能成为人类幸福生活的承诺；第二种预判恰好相反，他们把人工智能看作人类存在的终结者，人工智能会出于自身的需要消灭人类；第三种预判与第二种预判相似，不同的是“对这种结果的态度”，他们认为，这是自然进化的必然的、必要的结果，也是人类文明的光荣和延续。三种预判都有一个前提，即强人工智能。

强人工智能只是一个建立在一系列不真实的条件之上的虚幻假说，而一个不可能的假说之所以能引出诸多哲学、社会学的伪命题，是因为人的生命本性。生存欲望和保证生命绵延的本能意识是恐惧，没有恐惧就没有有意识的生命绵延。因此，人们恐惧超自然力量的危险，也渴望超自然力量的护佑。超自然力量在科学面前分崩离析。其实，当认识世界或改造世界的能力有了质的进步时，新的科技成果都会受到人类的崇拜，这些全都在表达着人类对自我力量的崇拜和对幸福的期待。人工智能既没有能力担负人类幸福的承诺，又没有能力成为主导物种，并且自觉地去消灭人类，除非人类主动地消灭自己。

人工智能不过是又一次的技术进步，是人类解决问题的一个全新的方案。人工智能不是人的智能，也不能像人那样思考，更不会具有自我意识、主体性和社会性。在“人工智能”这个概念当中，所谓“人工”就是外在现象的模仿，所谓“智能”的根本就是一种修辞或愿望。

不过，人工智能所引起的社会问题的确需要人们认真对待。

首先，当下的紧要问题就是人工智能正在快速地替代人类承担正在进行的工作，许多人因此失去或即将失去劳动岗位。当然，这是技术进步必然会带来的负面社会影响。蒸汽机的发明、电力的发明都是如此。新技术必然要取代人类从事的一些劳动，这也是新技术的价值；但它并不是要取代人的价值，相反，是让人从较低的劳动上升到更高的劳动，从而提升人的劳动价值和生存意义。只是在这个上升的过程当中，人需要否定自己、提升自己，否则就会带来一定的困扰和痛苦。如何以最快的速度、最小的代价完成人工智能推动人的自我否定过程，是人们切实需要思考和探索的问题。

其次，技术没有道德属性，人工智能既可以提升人类的生活品质，又可以毁灭人类。不过，毁灭不是机器对人的反捕，而是人类的自杀，即人类操控机器来高效地毁灭人类。因此，人们不必担心机器变得像人一样，而要担心的是人变得像机器一样。技术一定要注入人性，将人的价值观注入技术中，让技术成为对社会、对家庭更美好的承诺。有一种所谓的宇宙主义，认为强人工智能有着超人的智能，比人类具有更高的生存权利和存在的优越性。因此，人工智能应该甚至必将成为地球的主导物种，而人类应该甚至必将像恐龙一样成为历史。这样自然界才回归了进化的正轨。显然，他们混淆了生命与非生命的界限，机器代替不了生命，但是其深层的反人类思想确实可怕。以智能水平评估生存权利，这是典型的社会达尔文主义、“丛林法则”的信仰者，完全否认了生命的价值和人的意义，为强权政治、种族灭绝辩护。人工智能研究必须坚持人本原则，必须坚持技术为人类所用，必须坚持在不危害人类根本利益的前提下健康发展。

霍金悲观地预言：“成功地创造出人工智能是人类历史上伟大的进步，但这极有可能是人类文明最后的进步。”这里需要修正的是，不是“人类历史”也不是“人类文明”，而应该是“理性主义”，准确地说，是“逻辑主义”。理性主义的精神开启了近现代科学和技术，创造了当代令人类自身都为之惊叹的进步，但理性主义以可分析的假设为起点，假设了思维及其对象的可分析性；逻辑主义以精致的语言、严谨的规范构造了一个确定性和必然性的分析空间，也就虚构了一个与世界相分离的实体，拒绝着思想的丰富性和无限性。人工智能是逻辑的实体化，也是逻辑主义最高的物质成果。严格地讲，逻辑空间是一个表达的空间，不是一个思想的空间，而思想空间应该先于表达空间，并决定着表达空间。如果相反，以思想空间论证表达空间，一定会产生诸多无意义的概念和只会产生有争议的伪命题。

人工智能是人类历史上伟大的进步，但强人工智能只是乌托邦式的幻想。机器模仿人类的运作，即使模仿得完美无缺，也不能证明它不是复制品，它们并没有生命，更何况“模仿”也只是一个暗喻。人工智能不会造福人类，除非人类利用人工智能为自己造福；它也不会毁灭人类，除非人类利用人工智能自我毁灭。

第二节 思维、情感及人工智能

一、人类个体的生成分析

人们之所以能思考，少不了基础设备，即大脑。大脑是人体运转的中枢，使人类能够感知世界和自我。人自出生起，大脑就开始发育。婴儿观察周围的环境、听旁边的声音、感受着触摸、嗅到味道，这些都在影响其思维的建立，从而形成印记保存在大脑里。逐渐地，婴儿开始有“你、我、他”的概念，开始学习说话，知道某种发声、形状对应的物件，能大概听得懂语气的情感等等。在读幼儿园、小学时，他们开始系统地学习知识、文字，此时，思维已初步形成，从各个途径懂得了世界的很多常理，有了地图感，初步知道了空间、时间的概念，能读书、写字。之后，他们又进入初中、高中，在经过高考洗礼后跨进大学，然后可能读研、读博或者直接进入社会，至此，一个人类个体的生成就告一段落，未来等待他的是悠长生活的岁月。

二、人的思维分析

人类具有空间模拟思维、逻辑思维、语言思维、想象思维和联想思维等。这些思维归根到底都是人在拥有独特大脑的基础上，经过社会活动练就的思考技能，人类举一反三地将它们灵活地运用到各种场合，形成了人类所独有的智能。在应对外界复杂环境的过程中，人的大脑也在快速地活动着，产生各种记忆、观念及想法来决定人的行为，从而又影响了世界的发展。所以，人与世界是相互作用着的，人们本来就是世界运动的一部分。

三、人的情感分析

大脑对事件作出判断，生成不同的应激反应，是由思维、记忆和本能共同决定的。人类的悲喜并非随心所欲，而是由思维、记忆和本能决定的另一个“我”来判断的，“我”是隐藏的，但却真实地决定人们的喜好，其是以前生活的总和。人类情感是人类独有的心理特征，情感是人类生命中必不可少的一个组成部分，也是人类社会发展的基础。人的情感无论多么繁杂，但原理却是简单、明了的。

四、人工智能的实现

人工智能的实现有两种思路：一种思路是完全模拟人的思维的诞生方式，造一个高度仿真婴儿机器人，让他在后天教育下慢慢学习、慢慢成长，这种方式符合自然的规律；另一种思路是造一个仿真少年机器人，拥有各种基本思维技能，拥有“我”的架构，让他在后天的教育下学习语言、文字、知识和常识，从而产生记忆，这种方式有利于机器的实现。

要制造人工智能，就要让机器模仿人的思维去思考问题。首先，作为基础，他有本能模块、“我”结构系统、情感应激反应系统、注意力模块、空间模拟思维模块、忆想思维模块、总结思维模块等。本能模块就是实现人工智能对某些事件自动反应的系统；“我”结构系统是判断大脑运行事件对于人工智能该如何反应的系统；情感应激反应系统是在“我”结构系统判断完后操纵神经系统应激反应的系统；注意力模块是控制人工智能关注某个声音、某块图像、某个身体位置的模块；空间模拟思维模块是人工智能思考很重要的模块；忆想模块是使人工智能具备回忆以前非完整图像的功能的模块；总结思维模块是使人工智能具备通过某一具体事件寻找其中规律的功能的模块。机器人拥有了人所有思维基础的综合模块后，再将其进行整合，就可以对人工智能实现再教育。

第三节 人工智能与公共拟制

现代人类社会政治生活的秩序依托于现代公共拟制。公共拟制建立在人类的日常理性基础上，基于生命、财产与自由的基本价值，建构了宪政、民主与法治的基本制度。这些基本价值和制度与人之外的他物无关。人工智能的诞生及其飞速进步，促使人类重新思考这些已经被现代人视为当然的公共拟制，人工智能的发展已经展现出人机关系的广泛想象空间。人工智能在经历了一个人工绝对控制的阶段后，正向人机相间、人机融合、超人类智能的方向演进，这必将对现行的公共拟制产生重大影响。

17 世纪以来，人类社会基本上运行于“人”“社会”与“政治”的拟制基础上。直到 21 世纪初期的科学技术革命，人类不得不面对并思考可能完全不同于从文艺复兴到启蒙运动以来的“人”的拟制。从思想史的角度看，关于现代“人”的拟制，之前已经出现了两次重大转变，一次是尼采所称的“上帝死了”之后的寻求强力的“人”；另一次是福柯所称的“人死了”之后的人的碎片化。但这两次转变，并没有从根本上动摇近代所确立的“人”的拟制，只是在结构要素上有排列组合方面的变化。但 21 世纪以来的拟制的颠覆性质远非尼采、福柯宣称的可比。

凸显这一挑战的科学技术革命是由多方面的成果呈现出来的。信息科学、生命科学和材料科学被称为当代三种前沿科学，人工智能、基因技术和能源革命则构成当代三种前沿技术。科学技术革命促使人类思考“超人类革命”，因为它对人类社会习以为常的“人”的拟制具有极强的冲击力。人的卓绝智能是现代“人”的拟制中最有力支撑“人为万物的尺度”这一立论的根据，理性精神是现代“人”的拟制中最足以说明“人”为万物灵长的理由，如果人工智能达到与“人”媲美的智力水准，那么“人”是否还称之为“人”值得思考。

一、演进的人工智能公共拟制

当前的人工智能技术，远没有达到颠覆现代“人”拟制的高度。不过，人与机器的关系是演进的，这一演进过程大致可以划分为三个阶段：第一个阶段，人是可以绝对控制机器人的；第二个阶段，人机对应的社会建构开始出现，“机器人权利”问题被提出来，“机器人公民身份”不是科幻人物身份，而是对人工智能机器人的赋权；第三个阶段是一个远景阶段，当机器人成为一个有自我意识的新自我时，人与机高度融合，此时，由现代理性哲学确定的“人”的命题，也就是现代“人”的拟制，可能就会遭遇强劲的挑战，人们需要对人工智能发展步入第三个阶段做好心理准备。

在人工智能的三个发展阶段中，第一阶段由人绝对控制的机器人早就广泛应用于工业与商业领域。这种应用将人类从繁重的体力劳动中解放出来，受到积极的倡导和正面的评价。尽管中间仍有机器排斥人的质疑，但人们不曾因此相信人工智能取代“人”，“人”被机器完全替代、制约甚至控制。进入人工智能发展的第二阶段，人机关系的道德关系已经成为一个此前不曾考量而今必须严肃思考的新问题。在人机关系中，如果不能仅仅设定在人随意使用机器的状态下，那么“机器人”的权利应不应当受到尊重就成为一个权利哲学方面的崭新问题。如果真正步入第三阶段，人机关系的人为控制颠倒为人机混生甚至是机器控制人的状态的话，那么人类数百年熟稔于心的公共生活就会遭遇彻底的颠覆。

现代“人”的理性“自我”意识是人类考虑既定“人”的拟制条件下遭遇的所有问题的前提。一旦人机关系从人对机器人、人工智能的支配关系改变为人机混生的关系，人机关系就会变成机器或人工智能对人的支配关系，并且意味着近代以来人类建构的主客观世界确定不移结构的大翻转。对此，一部分人对人类控制人工智能依然是信心满满，但另一部分人对未来可能的失控局面感到忧心忡忡。这两种心态都源于当下人类社会对人工智能控制的前景不明。直到今天为止，人类社会都是以人绝对控制机器作为处理人机关系的预设前提的。关于人机关系的基本规则，都来自文艺复兴和启蒙运动以来形成的人类中心主义。这个既定规则体系，在人机关系可能发生扭转的情况下，不一定能完全控制机器，甚至人工智能机器可以进入人的身体变成人的一部分，或者人工智能机器人具有超人类的智能。在人机已经无法从边界上进行严格划分的情况下，人机关系似乎有一个彻底重构的必要。

人工智能与公共拟制关系的演进状态以三种情形呈现出来：

首先，阿尔法围棋对程序化的人类生活或人类生活手段的颠覆意味着人们来自古典时期的公共理性正在经历一个重建过程。尽管人类的日常生活显得非常琐碎、庞杂且茫无头绪，其实经过分析后就会发现，人类生活常常遵循一定的程序。只要人工智能将这些程序行动加以数据化，机器人就可以模仿人类的生活状态，并且与人类展开竞争。阿尔法围棋之所以能够让超一流的围棋选手签订城下之盟，就是因为阿尔法围棋一旦将人类围棋手的复杂着棋程序化，它就超出了某个棋手的着棋能力，当然也就能战而胜之。再譬如投票预测，人们对投票进行预测的一般方法是民意调查，但通过广义的人工智能的模拟演算，已经能相当精确地预测到选举结果。

其次，当人工智能的发展到达第二个阶段的时候，现代公共拟制中的制度设计理念，也就是功利主义的理念，即“最大多数的人的最大幸福”就会以人工智能的方式全面呈现出来。这是现代公共拟制的制度层面尚未能实现的目标。但现代公共拟制的结构性变化由此可以预期。

其一，既定公共拟制的成员资格会发生变化。在人的智能谋划中，成员的理性计算和理性判断是其在共同体中选择某种行为的依托，但这类计算和判断融入了人类的欲望和情感。两种力量的交融合成一个公共世界的共同自我，从而呈现某种趋同性的公共行动。而人工智能对这种公共拟制会产生颠覆作用，因为人类原来的选择是自己理性计算的结果。如果这样的计算被人工智能所引导，意味着既定的公共拟制正在发生颠覆性革命。

其二，如果人机混生，人与机器人的界限就会被模糊，人机二元的边界固定思维随之失去依托，那么就会对现代政治学最重要的权利假设造成极大的冲击。人工智能如果不能最终预期机器人替代人的劳动，并且具有永久性使用和无限制使用的效用，那么人对机器人的支配就是一个预料之中的结果。人对自己设计的机器人是应当沿用权力哲学，还是以权利哲学相待，已经是一个现实问题。

最后，按照文艺复兴和启蒙运动以来的主客体关系建构，人类作为主体控制人工智能并让它永远成为客体且为人类所用，便是天经地义的事情。如果人工智能产品这个被设定的客体进入了人的身体，权利哲学的适用性问题就会出现。当人机都被约束在守法边界内，认定什么是违法犯罪以及裁决违法犯罪的法官，就不再是一种既定性设计。从远景看，人机高度融合，再经由基因编辑，实现了人的永生，今天那种建立在“向死而生”基础上的公共拟制就可能变得完全没有意义了。这是人类必须面对的两种处境：人工智能的技术想象与人类社会的政治想象必须携起手来，从现实出发，面对未来可能，才能构想新的公共拟制，以应对可能的全新人机关系态势。

二、管控人工智能

人工智能不是要不要治理的问题，而是要怎么治理的问题，其关键在于人类采用什么样的治理手段，才能将人工智能控制在人类可以成功掌控的范围内。治理是人类活动的基本事务之一，其突出的特征就是民主治理、多元共治。从人工智能的多元共治来看，急速发展的技术及其担当技术的人群、对人工智能发展加以管控的公共政策决策者，以及对人工智能的发展有颇多构想的思想家需要携起手来，从公众关注、政策制定、政治谋划、未来影响、哲学解释诸方面，对人工智能的发展进行有效治理，从而保证人工智能造福于人类社会。

关于人工智能的治理，目前倾向性的治理思维与实施建议是强化人类对人工智能的绝对控制。对人工智能加以治理可能出现两种效果：一个是善治，另一个是失治。善治是发挥参与治理各方的积极治理愿望，激活有利于治理的种种要素，聚集有利于治理事务的诸种资源，顺利展开治理过程，并且实现参与治理各方的治理愿望的效果。失治就是失于治理，是指在治理过程中每个环节都出现问题，而且在动用治理的政策工具、可用资源与实施举措之后，仍然未能解决治理问题，甚至不知所措。

面对人工智能的治理局面，人们已经展开的运思是在人工智能发展到今天的局面下最能控制局面的治理设想。从总体上讲，对人工智能加以有效管控，是相关治理的趋同思路。这是建立在“人”及其社会政治建制的经典拟制基础上，将人与人工智能机器人截然划分开来的一种思路。

其基本治理思路由四个要素组成：

第一，预估人工智能的伦理与社会影响，据此为人工智能的有效管控或治理提供依据。人工智能必须接受现代基本价值观的检验与测度，这样才不至于让人工智能陷于疏离甚至背离人类基本价值的危险境地。

第二，对人工智能采取有效的法治约束。首先，应从国家基本法着手，保障“人”的尊严，对一切不利于维护“人”的尊严的人工智能探索加以严格限制，对所有可能导致人类基本规则失效的人工智能的颠覆性革命进行有力控制，不让人工智能的发展快到失控。其次，从人工智能发展的直接监管上着手制定相关法规。这样，就可以有效杜绝人工智能的野蛮生长，使其遵循相关的法律法规。

第三，进行强有力的行政管理，并建立有效的社会施压机制。这里的行政管理不仅是政府部门的管理，而且包括公司行政、政府行政与非政府及公益组织行政管理等方面。其中，政府部门对人工智能的监管是最重要的。因为政府部门具有大范围、深程度地动员资源的能力，而且具有国家权力强力推进相关研究进程的巨大能量。因此，政府必须克制单纯推进人工智能的片面政策动机，真正实施有助于人工智能健康发展的公共政策。

第四，给予人工智能有效的哲学解释，以缓解人们对人工智能的理论知识与实践知识的无知而导致的紧张。学者要从哲学的角度科学地表达对人工智能不可能挑战人类智能的信心，人工智能从业者对人工智能诱人前景的描述与有效管控的刻画也要有利于人们理解人工智能的可控发展态势。

对人类而言，这样的解释必须超越听之任之的技术乐观主义与绝不退让的技术悲观主义。从总体上讲，目前对人工智能的管控还是相当成功的，这种管控能够成功维持主客二分、人机二分的世界。

三、未来展望

人工智能的公共拟制在可预期的将来肯定会限定在人工智能的可控范围内，这是因为像人工智能这类模仿人的智能的技术革命在人脑机能之谜还远没有揭示出来的时候，模仿性的人工智能是很难超越人的智能的。

在人工智能机器人发展的这一阶段，人们已经开始因人机关系的最新状态，对公共拟制进行重构。这样的重构沿着两个方向延展：其一，重构人类面对人工智能时代的政治关系；其二，重构权利哲学视野的人工智能机器人的权利清单。这是人工智能高度发展以前不会触及的公共拟制问题。就前者看，由于数据使用在政府、大公司与普通公民之间形成了不对称的关系，所以不得不开展新型的公民运动。在人工智能时代，以积极进取的姿态处理好数据治理中的公民、政府与企业的多重公共关系，这是既定的“人”与社会政治的经典拟制针对人工智能时代的公共拟制作出的常规性反应。就后者即开列人工智能机器人的权利清单而言，有人从后人类中心主义的视角提出了人工智能机器人的权利问题，这显然是一种不同于“人”与立宪民主政治经典拟制的另一种公共拟制。

人工智能的权利确实是仿照经典的“人”的权利，尤其是社会政治权利拟订出来的。诸如人工智能机器人被视为“人”且具有“人格权”的总纲，在这一总纲下宣示的人工智能机器人的“生命权”“财产权”“纳税人权利”“政治权利”及“公民身份”都显示出对应人工智能机器人重构的公共拟制的模仿性。

从远景看，依照人工智能发展的“奇点”论，将会出现的“机器之心”与“人心”相仿，甚至优于“人心”的技术转折点是完全可能的。从仿生人工智能起始发展到人类水平的人工智能，再进展到超过人类水平的人工智能，最后出现自具理性与情感的超级智能，并不是天方夜谭。

这里涉及的人工智能的发展有两个关键问题：其一，人类水平或超人类水平的人工智能不存在技术障碍，因此畅想人工智能的未来，绝对没有将人工智能完全置于人类绝对控制之下的理由；其二，高水平的人工智能机器人的出现，一定会重构人们今天视为当然的现实世界秩序。规避人工智能给人类带来的任何风险，是一个面对人工智能可能重构现行的公共拟制的消极行为；而积极筹划高水平人工智能时代到来的公共生活，才是人类面对人工智能所应当采取的积极进取态度。

当前，人工智能机器人迅速表现出的优于人的智能的特点，具备编程设定的初步情感反应机制，让人类社会着重思考人机共生时代的到来究竟意味着什么。由此引发人类面对一个可能在心智和德性水平上更优于人类的人工智能机器人对既定的公共拟制之基础假设的挑战，进一步反思人因理性和德性所具的天生优越地位与万物等级区分是否还有理由延续下去。这是人工智能时代的到来对人类社会既定的社会政治秩序发出的最强有力的挑战。面对人工智能的快速发展，公共拟制必须改变，并且形成人类社会的共识，即人类如果无条件捍卫文艺复兴和启蒙运动以来对“人”及其社会政治制度的经典拟制，必定会陷入一个因拒绝适应、接纳和谋划“人”的巨变时代而导致的僵化被动境地。

已经有人明确指出，先期谋划人类社会与人工智能机器人友好相处的关系结构，乃是明智之举。当人机高度融合为一体的时刻出现时，可能何谓“人”的定义、权利哲学的基准、权利保护的机制，都会发生巨大改变。只不过这已经超出了“面对人工智能的第一代人类”的想象能力，面对人工智能发展难以预期的未来，谨慎以待、积极应变才是王道。

第四节 人工智能的异化与反思

人工智能给人类生活带来了巨大的便利，帮助人类创造了许多奇迹，其影响的深度和广度都有所提高，以至于人类已经依赖人工智能并习惯生活在有人工智能的环境中。但是人工智能异化也日趋严重，影响了人类的生存和发展，探讨人工智能异化问题具有重要的现实意义。

一、人工智能异化及其根源

（一）人工智能异化的含义

人工智能异化是以异化为基础产生出来的。在哲学史上，首次系统地阐述了“异化”概念的是黑格尔，他强调“异化是主体与客体的分离与对立”，认为绝对精神作为主体异化为客体。马克思认为，“所谓异化，是指主体在一定的条件下，把自己的素质或力量转化为跟自己对立、支配自己的素质或力量，用以表达主体向客体转化的关系”。可见，异化可以被理解为本身活动所创造出的东西即客体经过一系列的变化，反过来支配、压抑、制约主体的现象。在人工智能迅速发展的今天，各种新工具、新机器相继被发明出来并在人类生活中广泛应用。例如 iPhone 手机里有“Siri”这个人工智能助理，人们可以通过语音指令让它查天气、设闹钟、找餐厅等；游客可以带着人工智能翻译机到国外旅游，翻译机能够实时、准确地把用户的对话进行翻译，使游客与旅游地接待者达到无障碍交流的程度；人脸识别技术已经广泛应用到了人们生活的各个领域。

人工智能本身是人类智慧的产物，使人们的生活更加便利，促进了社会的发展，但人工智能在造福人类的同时，反过来制约着人类的发展，这种现象就是人工智能的异化。在异化状态下，人不再处于控制人工智能的主导地位，人工智能不再是为人服务的工具，反而成了制约人类、威胁人类生存的异己力量，阻碍着人类的发展。

（二）人工智能异化的根源

人工智能发生异化的根源主要有三个方面，包括主体个人、人工智能技术本身和社会发展方面。

1.主体个人方面

人工智能异化在于应用的主体对人工智能的依赖性应用。在一些工作方面，它的工作效率和准确度已经远远超过人类，人类为了谋求生活和工作上的便利，对人工智能产生了依赖性，并去适应人工智能的发展。

2.人工智能技术本身方面

人工智能本身就是利弊共存的一个整体，绝对好或绝对坏的事物是不存在的，作为人的创造物的人工智能也是如此。人工智能有两面性，并不是有利无害的。因此，即使人们按照良好的愿望去使用人工智能，也可能会产生负面影响。霍金指出，人工智能可能是人类文明史上最伟大的事件，它要么是人类史上最好的事，要么是最糟的事。一切技术都是有缺陷的，都可能对人类造成有形或无形的伤害，这与人工智能由谁来使用、如何使用无关。例如无人超市，顾客从进门选购到支付完成的总时长相对于传统超市有了质的提升，大大缩短了消费者在购物上浪费的时间，也给予消费者更舒适、更方便的购物体验，但这样的便利却导致收银员和导购员数量的减少，使一些人失业。2016 年，阿尔法围棋战胜了著名围棋手李世石，人们在感叹人工智能发展的同时，也感受到了人工智能对人类的威胁，或许将来人工智能会取代人类，这就像药可以治疗疾病也会有一些副作用一样，完全没有负效应的人工智能是不存在的。

3.社会发展方面

社会发展的需要也是智能异化的重要因素之一。人工智能为人类所创造，要为人类服务，不同时期的社会发展状况不同，所需要的科技服务也不一样。人工智能将会在未来带来更大的影响力，甚至可能引发第四次科技革命。可以预见，在未来的一个阶段里，人工智能将成为各个国家争抢的战略制高点，谁优先掌握了人工智能技术，谁就能在生产率上获得领先地位。

二、人工智能异化的表现形式

（一）人的异化

1.本质的异化

人的本质被异化，成为抽象的人。人是不能用人工智能来把握的，因为人工智能由人类研发并拥有与人一样的智能能力，它所追求的是高效的工作，不具有自主思维能力。而现代语境下的人是被人工智能抽象化的人，导致了人的失落和被遗忘，人工智能将现实的“同类事物”集中起来，抽象出其“共性”，以达到这类事物的“规律性”认识，人的活动成为与动物的求生本能相类似的活动，进而否定了人的本质。1997 年，IBM 计算机“深蓝”战胜了国际象棋世界冠军卡斯帕罗夫的事实，也在一定程度上损害了人类的尊严。

2.思维的异化

人工智能与人们的生活紧密联系着，人们在工作和生活中把人工智能视为不可或缺的存在，并对人工智能抱有极大的期望，认为人工智能极有可能在未来发展到超级人工智能阶段，人们周围的一切都将由人工智能管理着。人工智能在当今社会能帮助人类解决多种问题，将来还可能解决所有问题。以上这种对人工智能能力的极端认可是人类思维异化的表现，具体表现为对人工智能过分地崇拜和依赖，在生活中遇到问题时会考虑寻求人工智能的帮助。与此同时，人类造就了人工智能，却反过来对人工智能有了敬畏之心，害怕在不久的将来会发明出与人类相仿甚至远胜于人的超级人工智能，人工智能会对人类的生存造成威胁，担心人类给自己创造了一个对手、一个关乎生死存亡的敌人。

3.个性的异化

人是不同的“个性化”存在。人不同于其他物种的重要一点就在于有自己的个性。人工智能的飞速发展造成了人的“非个性化”，导致了人的个性的异化，致使人的“价值”和“意义”向度被忽视，使人成为动物。当人过度依赖人工智能的时候，人就会在人工智能的驱动下成为人工智能的奴隶，人就成为人工智能的附属品，成为无个性的人，从而失去了人的自由。人工智能逐渐主导人的生活和意识，人们把人工智能技术作为工作和生活必不可少的手段，人的价值被边缘化。在这种“人才观”的影响和要求下，教育丧失了自己的使命而变得程序化，在这种“程序化”教育下培养出来的人是一种无个性的“机器人”。个人教育被认为是一个独特的、不可重复的过程，但是现代教育却变得程序化，各类学校和大学过于拥挤，在许多方面，人们必须放弃追求自由和个人待遇的欲望，于是相反的情形就产生了，即人工智能的控制和随之而来的非个性化。

4.能力的异化

人工智能几乎可以帮助人们做到一切，这也导致人类各种能力的弱化。例如，人工智能可以记忆复杂步骤，人们就可能不再对知识和事物进行深入的探究，导致人的学习能力和记忆力弱化。除此之外，更为重要的是人们的哲学思维能力的衰弱，渐渐忽略了这些不同事物之间的关联以及事物内部的本质。哲学正是人们探索诸多事物之间的关联及这些事物背后的本质而发展出来的一门学科，而关联意味着要用全面的、联系的眼光从整体出发看问题，本质意味着要保持并增强好奇心和寻根究底的能力，这两点是哲学的重要特质，可以说在机器与人的界限越来越模糊的未来，是否拥有哲学思维将是人类之所以成为人类的必要条件。这其中包括了拥有能够反思自我、探寻宇宙的哲学思维。人工智能发展带来的弊端之一是使人们对复杂事物不求甚解、不愿意去探究事物的本质，自动化的生产、流水线的作业、标准化的工种使人们缺乏用联系的观点看待问题、解决问题的能力。

（二）社会的异化

当下，每个国家都在运用科学技术促进本国社会的发展，人工智能作为高尖端技术之一，对推动社会进步的作用是无可厚非的。过去，人工智能诞生的初衷是作为人类工具的延伸、社会发展的附庸和补充，但现在人工智能和社会的关系进行了互换，人工智能从作为社会进步的附庸慢慢地转换成了社会发展必不可少之物，社会离不开它，社会的发展需要它。

人工智能对社会的经济发展效率、社会的综合治理水平等各方面的建设影响力都是很大的，人工智能全方位、深入地影响社会发展，进而影响整个国家的发展。目前，国家实力以科技创新为核心。人工智能作为引领未来的高新技术或将重塑国家实力的变化，英国政府在 2017 年发布了有关人工智能的报告，指出要使英国成为世界上最适合发展和部署人工智能的国家。人工智能正在控制和制约着人类社会。

三、人工智能异化的反思

人工智能异化已不可避免，人们应该对其进行哲学的反思，反思如何消解人工智能的异化。从哲学的角度看，人们必须树立正确的价值导向，坚持以人为本，把人的自由全面发展作为衡量人工智能发展的标准。

（一）树立正确的价值导向

人工智能和人类之间的关系变得越来越密切。人是社会发展的主体，人类本应该拥有自己的个性，不能被人工智能异化、工具化，为此应树立正确的价值导向。正确的价值导向是以人的价值理性为核心，关注人的情感、道德、生命、灵魂，引导人们在享受人工智能所带来的社会发展价值的同时，更多地去探寻自己本身的价值，更多地照顾自己的思想、精神和信仰，以实现人生的意义和价值。目前，人们对人工智能的崇拜和追求远远胜过对人自身价值的关注，并且缺少对人工智能所带来的消极方面的认识。人们应该以追求更有质量、更有价值、更有意义的生活为目标，不能仅仅满足于对现实世界、人工智能的追求，而是应该不停地寻求对已有本我的无限超越以及自身发展进步的不断突破，从而对人工智能所造成的“异化”进行消解和排斥。一旦人们领悟体验到了生命的价值，在现实生活中他们就会有一种充实感和满足感，在面对人工智能所带来的异化和控制的时候，就能自觉去克服。

（二）明确人工智能发展标准

在人工智能与人的关系中，人是主体，人工智能是客体。对人工智能的过度依赖使用，会带来一系列的人类生存和社会发展问题。值得人们深思的问题是，人工智能真正发展的标准应该如何衡量，是以社会经济增长为标准，还是以国家是否能在世界中处于主导地位为标准？笔者认为，人工智能发展的标准应该是“以人为本”，以人的自由全面发展为标准，人的自由全面发展才是人类社会发展的最高宗旨和最终目标。这里所说的“以人为本”，是指对于人来说，人是自己的最高目标，人之所以去学习、去实践，都是为了本我，而不是为了人之外的东西。人类必须关心人的本身，人工智能只能是人类认识世界、改造世界的工具，人的发展才是衡量一切的标准。

人们必须在肯定人工智能的积极作用的同时，树立正确的价值导向，始终坚持以人为本的原则，明确衡量人工智能发展的标准。人工智能是为了人类能够更好地、更全面地发展而产生的，所以应该把人工智能应用的负面效应限制在最小的范围之内，最终实现人和社会的可持续发展。

第二章 人工智能的发展

第一节 人工智能伦理

“人工智能”自 1956 年在达特茅斯学会上被提出，经历了三次高潮、两次寒冬，目前，已经成为最前沿的技术之一。人工智能技术在人类社会中有两个方面的作用：一方面，人工智能技术广泛应用于现代社会的各个领域，以高效率、高质量、智能化的方式推动了人力劳动的解放，促进了生产技术的变革；另一方面，人工智能技术的发展对当前社会生产关系中的伦理关系产生了重要影响，并对现实的伦理原则和价值观念产生了一定的冲击，引发了诸多伦理道德问题。如何识别、防范人工智能带来的伦理风险，已经成为人工智能时代的难题。

一、人工智能面临的伦理困境

人工智能的产生和发展为人们带来了前所未有的便利和经济效益，但其作为一种深度合成技术所具有的不确定性不容小觑，当其深度应用于人类社会生产生活中，必然会对当下的社会伦理关系产生一定的冲击，引发人权伦理、道德伦理、责任伦理及代际伦理等伦理困境，从而为社会的发展埋下隐患。

（一）人工智能面临的人权伦理困境

近代以来，“人工生命”相继问世，引起了关于人权伦理问题的探讨。高速发展的人工智能科学，为之前只能重复简单机械活动的机器人赋予了“人性”，使其成为拥有部分感知能力的“人性”智能机器人，而这些具有“人性”的智能机器人的出现，给“人权”带来了一定程度的挑战，主要体现在以下三个方面：

第一，人工智能的发展削弱了人类的主体地位。《人类简史》提到，人工智能技术的快速发展必然导致无用的阶层的兴起，与之相对应的就是少数精英阶层。人工智能融入社会生产生活的方方面面，并取代人们完成了大部分工作，而习惯于被人工智能辅助的大部分人则会逐渐沦为“无用的阶层”，这无疑是对人类主体性地位的一大挑战。

第二，人工智能的发展威胁了人类的隐私安全。从当前人工智能的发展情况来看，其已经可以利用大数据收集、汇总人类的日常对话及行为等信息，从而对人类的思维进行解读。同时，人类的行踪也被人工智能技术掌控者掌握，基本无隐私可言。

第三，人工智能的发展限制了人类自由、全面发展的权利。人工智能技术大规模应用于社会生产，促进了社会分工的细化，但也提高了行业门槛，导致人们在日常工作、生活中只专注于某些领域的提升，弱化了全面发展的意愿。在日常生活中，在人工智能技术加持下的短视频、直播行业方兴未艾，出现了一些粗制滥造的短视频甚至假视频，人们被裹挟其中却不自知，久而久之，会使人们丧失合理批判、辨别社会现实的能力，削弱人的主观能动性。

（二）人工智能面临的道德伦理困境

科学技术进步使人类社会步入了人工智能时代，人工智能技术不但能够创造出模仿人类、具有智能化的产物，以改变人类的生产生活方式，而且能够触发社会深层次的重大变革。既然人工智能可以引发人权问题，那么当人工智能体与人愈加相似时，客观定位其社会道德地位就很有必要。

道德地位是人类区别于其他生物最主要的特质。当人工智能技术发展到一定高度，特别是被赋予了“人性”后，人类就没有理由不赋予其相应的道德地位。但将其纳入人类伦理道德体系，就意味着人类对人工智能产品具有道德方面的义务与责任。不过，人工智能产品能否承担起相应的道德义务与道德责任，却无从得知。

（三）人工智能面临的责任伦理困境

人工智能技术所带来的责任伦理困境主要表现为由人工智能引发的事故责任难以判定。例如无人驾驶汽车的快速发展，如果无人驾驶汽车在运行中发生了交通事故，那么是由无人驾驶汽车制造商承担责任，还是由无人驾驶汽车的操作者承担责任？无人驾驶汽车作为没有生命的个体，应如何判定或承担相应的责任？现有的责任判定都是基于人的行为，至于人工智能的责任划分，迄今为止没有统一的定论和法律规定。

如今，人工智能已经融入人们生活的方方面面。从当前的实际情况看，人工智能技术的确能深刻改变人类社会的生产生活，促进社会的数字化、智能化发展，但技术发展所引发的责任伦理困境也会在一定程度上阻碍智能技术与人类社会发展的共生关系。因此，对人工智能的责任划分需要进一步探讨。

（四）人工智能面临的代际伦理困境

社会伦理关系是一个纵横交错的伦理结构，可以从横向的、共时的角度审视它，也可以从纵向的、历史的视角剖析它。从纵向的、历史的视角剖析出的社会伦理关系具有明显的代际特征，因此这种伦理关系可用“代际伦理”加以界定。随着全球化进程的推进及科技的日益完善、成熟，现代化的社会家庭结构发生了翻天覆地的变化。在大范围使用智能机器人的背景下，人类代际伦理问题更加明显，具体表现如下：

第一，出现沟通问题。具有陪护功能的人工智能机器人被进一步普及，推广和使用范围进一步扩大，人与人之间的交流与互动逐渐朝着智能陪护机器人与人类之间的交流、互动发展。人类越来越依赖人工智能，甚至在其身上寻求情感的寄托，这将严重阻碍人与人之间的交流、沟通，不利于人们的身心健康发展。

第二，引起了代际混乱问题。现今仍是弱人工智能时代，人工智能仍处于接受指令并执行指令的阶段。但与其他新兴技术一样，人工智能未来的发展仍具有极大的不确定性。从代际伦理角度来说，如果智能机器人大量存在于人类社会体系中，而且没有相关法律措施来约束，就很容易产生社会群体代际混乱等方面的问题。

二、人工智能伦理困境的成因

人工智能技术发展至今，已经不仅是一个独立的技术系统，而且是作为人类社会生产生活的一部分与政治、经济、文化系统紧密相连。通过对人工智能发展所面临的伦理困境追根溯源，探寻伦理问题产生的根本原因在于人工智能监管规则的缺失、人类主体责任意识淡薄及人工智能技术发展的不完善，只有透过问题的表面究其本质，才能真正解决问题、突破困境。

（一）人工智能监管规则的缺失

科学技术的发展必须在符合社会道德的原则（即伦理规则）下推动人类社会的进步。人工智能作为一种新兴的科学技术，在发展过程中面临着人权、道德、责任等伦理困境，仅依靠公众舆论及科学家的自身约束，是无法突破这些困境的，所以需要更有效的方式来解决这些问题。

在人工智能发展的早期阶段，美国科幻作家阿西莫夫就人工智能发展技术规范问题提出了著名的“机器人学三定律”。但随着时代的发展和人工智能技术的不断突破，关于人工智能技术的法律法规却没有形成完备的法律体系。

第一，没有明确的法律条文规定研发人工智能产品的相关人员、人工智能产品的相关运营商及人工智能产品的消费者所拥有的权利和义务，这在很大程度上会导致人工智能面临道德责任主体、道德判断等方面的伦理问题。

第二，因不正当使用人工智能产品而产生的环境伦理问题、国际纠纷问题，尚没有明确的法律条文及相关法律案例可供参考。

第三，对人工智能技术发展的规范尚未形成一套科学化、理论化、系统化的监督体系，缺少人工智能产品的设计、研发及使用的监管方案。

第四，既没有国内外公认的验收标准，又没有人工智能技术的应用指南，这与人工智能技术的飞速发展是不相匹配的。

（二）人类主体责任意识淡薄

人类主体责任意识淡薄是导致人工智能时代面临伦理困境的一大原因。

一方面，科研人员作为人工智能技术的研发者肩负着部分社会责任，这就要求他们必须具备一定的职业责任感和道德责任感。但某些科研工作者因受到政治因素与经济利益的影响，忽视了应有的道德责任，不能用正确的价值导向指导自己的工作。人工智能在发展过程中出现的许多问题都是可以控制甚至避免的，但有些科研人员却经受不住利益的诱惑，缺乏职业责任感，将人工智能运用在不正当或存在伦理争议的活动中，从而引发伦理问题。

另一方面，人们研发人工智能技术的一大目的在于利用它。如果人工智能的使用者责任意识淡薄，就会引起一系列伦理问题。某些人工智能技术，如大数据技术、AI 换脸技术、VR 技术、AR 技术等，其研发之初的目的在于方便人们的生产和生活，但某些使用者无视法律和道德的约束，利用大数据平台等一系列人工智能技术窃取他人隐私、倒卖他人信息，甚至通过“换脸”技术开展诈骗活动。

人工智能作为高新科技在本质上是一种工具，对人们认识世界、改造世界的客观活动起辅助作用。人工智能本身不具备“好”或者“坏”的性质，它所带来的正面或负面的外部效应都是由它的研发者和使用者决定的，因此有必要增强人类应用主体的责任意识和道德观念，促使人工智能健康、向上发展。

（三）人工智能技术发展不完善

人工智能的应用，归根结底是技术应用，人工智能技术发展的不完善也是导致人工智能面临伦理问题的重要原因之一。

一方面，人工智能技术还没有发展完善，本身具有一定的局限性。当前，人工智能技术已经应用到各行各业中，在为人类带来便利的同时，也引发了许多事故。除此之外，人工智能发展时间较短，其技术仍处于初级水平，所以当前的技术无法解决出现的伦理问题。

另一方面，人们过度追求经济利益，导致对技术价值理念的认识产生了偏差。德国哲学家马克斯·韦伯提出了工具理性与价值理性的观点。工具理性强调的是，人类通过理性的计算，自由地选择手段的合理性和有效性，无论目的是否恰当；价值理性注重行为本身的价值，而非行为手段和结果。在现实社会中，人们越来越重视工具理性，做事情讲求效率和利益，忽略了对客观事物及其规律的正确把握和认识。

人工智能本质是一种技术，其发展要重视价值理性与工具理性的统一，要让价值理性为工具理性提供精神支持。如果一味地追求技术发展和经济利益，重视其工具理性而忽略其价值理性，对技术价值理念的认识产生偏差，可能会使人工智能技术面临一系列伦理困境。

三、破解人工智能伦理困境的对策

人工智能技术作为新一轮科技革命和产业变革的核心驱动力量，在为社会提供强大发展动力和支撑平台的同时，也暴露出一系列伦理问题。新兴技术革命的不确定性加重了科技伦理的治理难度。科学技术虽然是自然科学大范式下的理论与实践，但离不开人文社会科学的规范和引导。同样，人工智能伦理困境的突破也离不开人文社会科学的规范和引导。

（一）坚持正确伦理观念的价值引领

个人行为和决策的产生是由其内在价值观决定的。要解决人工智能伦理困境，首先就要加强思想引领，以正确的伦理观念感化人、引领人。

第一，坚持马克思主义科技伦理观，正确运用科技力量，从而推动社会发展。马克思主义始终坚持历史唯物主义观点，将意识的物质前提与现实的历史文化背景有机结合起来，坚持有条件的认识论和方法论。在批判资本主义的过程中，马克思特别强调了物质生产力的巨大革命作用，高度重视科学技术、机器工具的强大改造力量，但马克思不是“物质主义者”，更不是“机器决定论者”，他否定了机器的“纯物质性”，而是强调机器的本质不是“经济范畴”，只有实现与“人”（劳动力）的结合，机器才可能实现其本身的价值和力量。人工智能技术的发展纵然面临重重伦理困境，却也不能将其“一刀切”，应以社会不同领域、不同行业的现实条件规范地、系统地推进人工智能技术的发展。

第二，坚持新时代中国特色社会主义科技伦理思想引领，注重科技创新，推动社会生产力的提高。党的二十大报告指出，“必须坚持科技是第一生产力、人才是第一资源、创新是第一动力，深入实施科教兴国战略、人才强国战略、创新驱动发展战略，开辟发展新领域新赛道，不断塑造发展新动能新优势”“完善科技创新体系，坚持创新在我国现代化建设全局中的核心地位，健全新型举国体制，强化国家战略科技力量，提升国家创新体系整体效能，形成具有全球竞争力的开放创新生态”。在重视科技创新的同时，也要注重科技伦理对技术进步的护航作用，坚持科技为人民服务。

在人工智能的发展过程中，应整合多学科力量，加强对人工智能相关法律、伦理、社会问题的研究，建立健全保障人工智能健康发展的法律法规、制度体系。因此，在人工智能时代，应坚持“以人为本”的伦理道德原则，对科技发展进行价值引导和伦理规约，促进其可持续发展。

（二）提高民众的文化素养和道德责任

研发人工智能技术的初衷是为人类的生活提供便利，正确认识人工智能是科技进步、时代发展的需要，同时也是全人类的职责所在。

1.提高民众的文化素养

随着“人工智能威胁论”的扩散和人工智能影视作品的泛滥，部分民众对人工智能的印象变得扭曲，导致人工智能伦理问题愈加严重。为此，应该加大宣传力度，使民众树立正确的认识。

第一，应使民众认识到人工智能实质上是一种“技术”，而不是“法术”，其本身没有优劣之分。

第二，应使民众意识到人工智能是人类研发的，其目的是方便日常的生产和生活。目前，人工智能仍处于弱人工智能时代，并不会像科幻电影那样，反过来控制人类甚至取代人类。

第三，应多举办普及人工智能知识的活动，引导人们树立客观的评价标准，学会辨别错误的信息和言论，不盲目跟风，这是解决人工智能伦理困境的重要方式。

2.增强科研人员的道德责任感

人类是一切科学技术的创造者与推动者，人工智能的发展方向与相关科研人员的推动密不可分。科研人员作为引领人工智能技术发展的先驱，比人工智能产品更需要伦理规范的约束。

第一，应培养其奉献精神和责任担当，引导其积极思考、不断反思，遵循科学活动本身的伦理道德规范。

第二，应对其科学活动的社会后果进行客观、公正的评价，让其承担相应的社会责任，阻止违反人类文明发展的科学研究。科研人员与生产企业要严格遵守国家的法律法规、行业标准，树立客户至上的理念，保障用户的信息安全。

第三，应加强对科研人员的道德评价与社会监督，对违反法律法规和社会伦理规范的科研人员进行惩戒，以起到警示和震慑其他相关科研人员的作用。

（三）完善相关法律制度与监督体系

无规矩不成方圆。应加强人工智能相关法律制度与监督体系建设，防止使其突破伦理困境，从而健康、有序地发展。

第一，应通过制定相关法律法规来规范人工智能技术的发展。当前，人工智能技术发展迅速，为保证人工智能产品能在社会中更好地应用，必须制定相关的法律法规进行规范和约束。

一方面，应制定人工智能在相关领域须遵守的行为准则。应在人脑芯片研发、声纹识别、面部识别、智能机器人和无人驾驶系统的研发、应用等方面制定严格的使用标准和安全准则，使人工智能产品的研发和应用“有法可依、有法必依”。

另一方面，针对应用人工智能技术过程中所产生的负面问题，应以法律的形式科学规定其责任归属，并根据相关法律标准和实际情况进行调查分析，确定问题出现的环节，以此判定责任归属，并建立起一套完整、科学的责任判定体系。因此，人工智能所面临的伦理困境，亟须政府和相关部门组织引导，总结并出台相关法律法规及相关案例的适用规则，从而促进其规范、健康发展。

第二，应构建人工智能技术监督体系，避免人工智能技术在未来陷入伦理困境。

首先，在人工智能产品研发环节，应确保其研发和设计理念不侵犯人权，不违反社会道德伦理观念，不对生态环境造成威胁。

其次，应延长人工智能产品的试用期，确保其技术成熟后再投放市场，并将详细的使用说明书与产品放在一起。

最后，应建立完善的人工智能产品售后服务体系，分析并解决消费者在使用人工智能产品过程中所遇到的问题，在以后的研发设计制造中避免此类问题再次产生。

总之，针对该领域相关产品的每一步流程都应进行严格的监督和管理，以降低其今后可能面临的伦理风险。

（四）促进人工智能技术自身的发展

人工智能技术的不成熟是引发其伦理困境的重要原因之一。人工智能技术发展到现在，已成为世界尖端科学技术之一，并且融入生活的方方面面。在巨额成本和大量人力、物力的支持下，人工智能有很强的可塑性和较好的发展前景。因此，应加强国际技术的交流与合作，促进人工智能技术的发展。各国可根据自身的实际情况，总结自身的技术优势，切实解决人工智能技术存在的一系列问题，从而提升该技术的可塑性和安全性，有效防范伦理风险。2017 年，国务院印发了《新一代人工智能发展规划》，表明人工智能的发展正式上升到国家层面，鼓励人工智能领域核心技术的发展，并积极寻求与发达国家围绕人工智能进行合作交流的机会。

尽管人工智能已经在生活中发挥了巨大的效用，但并不能就此否认其面临的一系列伦理困境的存在。对科研人员来说，其考量人工智能产品是否达标的主要因素是技术因素，而且对人工智能技术面临的伦理、道德、法治、环境等问题，还不能做到面面俱到。这就需要大量法学专家、伦理学专家积极参与，与相关科研人员共同探讨和考量人工智能技术的发展规范，充分认识到某些人工智能技术一旦被不合理应用对社会、环境及人类造成的冲击，从而有效规避人工智能的不可控性，降低其伦理风险。因此，应加强交叉学科领域的探讨。

人们应该意识到，在人工智能面临种种困境的当下，仅仅依靠学术探讨是不能解决问题的。如果人工智能未来要获得更好的发展，就必须立足实践，具体问题具体分析，真正做到科技向善和为人民服务，这是推动科技创新和人类社会向前发展的必由之路。

第二节 人工智能标准化

在科技加速发展的今天，人们对科技的重视程度越来越高，因此相关产业和技术部门不断地进行着对人工智能的研究。人工智能是以计算机为基础，通过智能学习、自然语音理解、视觉认知、定位和模块化认知等技术实现的。随着人工智能技术的飞速发展，其应用范围越来越广，进而影响人们的工作和生活。但是从当前的发展趋势看，人工智能的发展和应用还不够完善，相关产业的技术人员应该深入探讨现代人工智能在计算机信息技术中的运用。

一、人工智能及标准化应用相关概述

人工智能是模仿人类思维和思想的过程，是通过分析人类的思维规律形成的一种类似于人类的智能系统。人工智能技术是一种集计算机、心理学、语言学、生理学等多个领域知识于一个系统内的技术，它的出现对全面提升工作效率极为有利。人工智能可以取代传统的手工劳动，通过计算机网络技术实现高效率的工作。人工智能还可以将各种资源进行有效整合，并使其能够被合理利用。人工智能的学习能力很强、分析和追踪能力也很强，所以将人工智能应用到计算机网络技术中是非常有必要的。

人工智能技术是在计算机网络技术的基础上发展起来的一种新技术，它具有以下特点：

（1）处理不明确的信息。人工智能技术采用网络模糊分析方法，能主动突破传统程序的局限性，实现对人的行为的仿真，对一些不确定的信息进行处理，跟踪和分析局部资源，为使用者提供有效的信息。

（2）智能管理网络。人工智能技术可以提高网络的信息处理效率，再利用记忆的能力对信息进行优化，使其保持完整。

（3）工作能力强。人工智能数据库规模较大，运用计算机网络技术可以提高工作效率，增强学习能力，优化资源整合，确保综合运用信息的效率。

标准化已经成为当前人们进行社会信息交流与合作行为的主要准则之一，并被广泛应用于信息技术领域。由于计算机技术的进步，信息技术应用与交流逐渐成为人类社会交往的主要方法，并跨越了地理、语言、社会风俗等标准化要求，人与人之间可以在某种程度、意识上取得共鸣，并以此为基准，形成普遍的社交协同。例如，手机通信的应用流程与复杂的信息技术框架在国际标准的支持下，可以让人们与全球任意一个角落的人进行交流。

二、人工智能技术和计算机信息技术发展状况分析

（一）人工智能技术发展状况

随着新时代的到来，人工智能技术的发展进入了一个全新的时代。在人们的日常生活中，人工智能技术所发挥的作用和优势日益凸显。然而，人工智能的发展离不开计算机信息技术的支持。尽管与发达国家相比，我国的计算机技术发展相对较慢，但经过持续不断的努力，其应用与研究已经取得了长足的进步，也促进了各个行业、各个领域的人工智能的发展。

（二）计算机信息技术发展状况

目前，我国的计算机信息技术发展状况可以分成以下两个方面：

1.当前计算机信息技术的发展状况

从计算机信息技术的发展角度来看，计算机网络安全方面仍有许多问题需要人们重视。在新的环境下，计算机病毒的传播速度越来越快，不仅会导致数据的泄漏，而且会导致设备的故障，从而影响工作和学习，并可能造成巨大的

经济损失。不过，随着人工智能技术的不断发展，人工智能技术可以有效地解决网络安全问题，在一定程度上增强了计算机信息系统的安全性。

2.网络管理和评估中的计算机信息技术的发展状况

就目前而言，随着人工智能和计算机技术的发展，在网络安全管理方面有了很大的进步，但仍然需要以人工智能为基础，对其进行深层次的挖掘与研究，以使其不断完善。

三、人工智能在计算机信息技术中的重要性

人工智能作为计算机科学的一个重要组成部分，逐渐受到人们的重视。人工智能不仅受限于计算机信息技术，而且涉及心理学、语言学、数学、逻辑学等多个学科，它们都在促进着人工智能的发展。

首先，人工智能使各学科的知识得到了全面应用。随着人工智能时代的到来，将人工智能与计算机信息技术结合起来，会使计算机的逻辑思维与思考能力变得更加强大，对于海量数据会有更准确、更有效的分析，从而获得更多的信息，提高计算的效率。

其次，人工智能技术可以让计算机运行更加流畅，快速准确地处理复杂的数据，从而大大提高计算机的运算速度。

最后，将人工智能技术与计算机信息技术相结合，可以减少能耗和投资。利用人工智能技术对海量的数据进行处理和分析，能够迅速获得大量的数据，节约运行、处理的时间，减少能耗，从而提高经济效益。

四、人工智能在计算机信息技术中的标准化应用

（一）入侵检测技术与计算机病毒防护技术

入侵检测技术是计算机系统中的一项重要技术，它能够快速地发现其他计算机或者程序的非法入侵，并且能够及时地向安全人员进行反馈，以防止被入侵及其所带来的损失。入侵检测技术在网络安全、访问权限、黑客攻击等方面都有很大的提升，既能保护使用者的个人隐私，又能加强对网络动态的监控，实时、高效、准确地反馈网络安全隐患。人工智能技术与入侵检测技术可以互补，共同促进计算机技术的发展。人工智能是一种全面的、精确的、可信的技术，它可以使计算机系统的运行效率达到最高。

计算机病毒防护技术是通过人工智能技术的虚拟网络实现的。当计算机在工作时，它可以实时监控网络动态，从而保证网络的安全。在监控的过程中，计算机的反病毒技术可以有效地保护系统的正常工作，防止恶意软件的入侵，扫描病毒，对检测到的病毒进行分析，从而确保计算机的安全。

（二）云安全技术与防火墙技术

云安全技术作为一种能够保障数据系统安全运行的有效手段，在网络信息技术中具有重要的应用价值。云安全技术能够迅速、高效地组织信息，并对信息进行准确、合理的鉴别，因此云安全技术是保护数据信息和维护网络安全的关键技术。当黑客入侵计算机时，云安全技术将会加强对计算机的保护，防止黑客的入侵，将病毒入侵的可能性降到最低。

防火墙技术在当今网络安全中已得到了广泛的应用，几乎所有的计算机都安装了防火墙。计算机系统的防火墙是一种自带的技术，这种技术的启动条件就是联网。一旦有黑客或者病毒试图侵入计算机，它就会被激活，从而保障计算机的安全性和稳定性。防火墙技术是防范黑客和网络攻击最有效的手段，有

关部门要高度重视防火墙技术，持续强化技术监控，从而提高计算机的安全性。

（三）网络管理与代理技术

网络管理的建立和强化要求与人工智能结合起来。人工智能技术在网络管理中的作用非常重要，而网络管理不仅可以加快人工智能的发展，而且可以为人工智能提供丰富的经验，让它的核心技术更加完善，为人工智能技术发展打下良好的基础。

在当前社会中，许多代理服务器都可以直接连接互联网，为人工智能技术的发展提供有利环境。与传统的智能技术相比，代理技术在互联网系统中得到了广泛应用，能够在触发防火墙时更好地保护网络安全。智能代理的关键是授权，根据计算机使用者的需求，建立对应的数据模型，并将其运用到计算机上。人工智能代理技术可以让用户对网络环境产生敏感的感知，激活保护机制，降低人工干扰，进一步保证网络的安全。人工智能代理技术也可以解决 IP 的封锁和限制、访问内部资源、快速访问和隐藏真实信息等多种问题，这都将为人工智能应用于计算机系统打下坚实的基础。

（四）自然语言的理解与产生

自然语言的理解与产生是一项十分重要的人工智能技术，它主要应用于建立人机互动系统方面，使机器成为一种自然化、拟人化的工具。人工智能通过硬件设施（如音响、汽车、手机）来接收滴答声、鸟鸣声、人的声音等音，再与现有的语言进行匹配，从而得到正确的识别结果。除此之外，人工智能还可以识别出人类输入的声音。

自然语言的产生基于声音识别，由机器自动模仿人类的语言，通过与声音数据进行匹配，将结果反馈到语言的使用者身上，从而产生一种自然的交互。例如，手机语音助手能听懂使用者的指令，并作出正确的反应，甚至可以与使用者交流。

（五）机器视觉辨识

机器视觉辨识是人工智能的“眼睛”，通过红外扫描、微波、光学等方面的技术可以获得物体的属性，然后根据物体的属性进行分类，这样人工智能就可以对物体的属性进行分析，从而判断出物体的形状。人工智能可以读取视线范围内的事物，从而提高人工智能的智能化程度。机器视觉辨识技术包括很多种，例如机器视觉的模式识别技术，包括扫描习题、智能解答、人脸识别技术；垃圾扫描分类技术，可以扫描垃圾并判断垃圾的种类，给出垃圾分类意见。

（六）定位与数据模型建立

定位技术一般都是通过 GPS（全球定位系统）来获取物体的三维坐标的，这一点对人工智能技术有着举足轻重的意义。在基本定位功能的基础上，定位技术结合了视觉模块识别、自然语音理解、传感器技术等，可以精确地分析目标区域的特点，从而帮助人们更好地行走，避免碰撞。其应用如移动智能机器人，在定位技术和数据建模技术的发展下，通过光学识别、水准定位等技术，实现了自动定位多种地形，从而实现自由移动；又如自动驾驶，需要对车辆进行立体定位，对路况进行智能识别，建立路况模型。

（七）机器学习

作为人工智能的核心，机器学习是人工智能的重要技术，它是计算机科学、控制论、信息论、心理学、语言学等多个学科的结合体，按照算法、算力和数据进行划分。算法层次包括监督学习、非监督学习、强化学习、迁移学习和深度学习等；算力层次包含人工智能芯片与人工智能计算体系结构；数据层次包括数据处理、数据存储和数据挖掘等。

机器学习就是引导机器进行自适应学习，对大量的数据进行整理和分析，用数据分析来模拟和研究人类在不同环境下的思维方式，让机器人从“人”的视角去思考问题，从而寻找到更好的方法。目前，机器学习技术还处于起步阶段，人类的思考路线十分复杂，而机器学习要想完全模仿人类大脑的工作，还需要很长一段时间。

（八）模式辨识

目前，电子产品的发展已不再是单一的形态，而是呈现出了多样化的发展趋势，软件的种类也在不断增加，人们开始研究能识别人类声音的软件。计算机对图像、文字和声音的识别已取得了初步的成果，但是对外部环境的感知仍有一些缺陷。软件设计师从多个方面进行了创新，将各种实体的智能转化为不同的语音信息，并将其转化为人工智能，使人工智能在计算机方面取得了更大的进步。因此，在未来的发展中，模式识别技术将是人工智能领域的一个重要研究对象。

（九）人工神经系统

人工智能是一门高科技、专业化的学科，它需要具备网络、编程、数学等多个领域的知识。在人工智能的帮助下，人工神经系统逐渐成形，即从信息处理的角度出发，将人脑的神经元网络进行抽象处理，并通过各种网络连接构建出一套网络系统。人工神经系统的一个显著特点就是自我学习能力强，能够独立处理各种多维的非线性问题，在求解时没有限制，无论是在数量上，还是在质量上，都是如此。此外，由于人工神经系统具有与人类大脑相似的储存空间，因此在实际应用中可以为使用者提供大量的资讯，以达到高效率、高品质的资讯处理，并能有效地满足使用者对资讯的要求。

总之，随着计算机技术的迅速发展及《新一代人工智能发展规划》的出台，发展人工智能的重要性被进一步明确。计算机信息技术的全面推广，促进了国家经济的可持续发展，将人工智能应用于计算机技术，可以极大地提升计算机的计算、分析能力，也可以更好地服务于人类。

第三节 人工智能与人才发展

对人工智能与人才发展相关性的研究源于其内在逻辑。历史表明，科学革命、技术创新是拉动管理体制变革的重要因素。人工智能作为驱动性技术颠覆了人才理念，改变了人才形态，开辟了人才发展新格局，迫使人才培养模式及人才结构作出调整，推动人类社会进入人才与“类人才”相互作用、相得益彰的时代。

政府、企业和社会应当加大“类人才”的开发、培养力度，从战略和策略上研究人才培养、选用、管理、安全等重要领域的改革，从而促进人才与“类人才”的协调发展。

伴随新一轮科技和工业革命进程的加快，计算智能和感知智能加快了进入人工智能时代的步伐，凸显了引导驱动性技术的鲜明特征和巨大潜力。越来越多的国家和地区将人工智能纳入经济社会发展规划，并将其作为推动社会进步、维护国家安全、提升科技创新力和国家竞争力的战略举措。这一重大变化引发了人才结构的调整，带来了人才发展战略的深刻变革。社会各界应该高度重视研究人工智能时代的人才表现形态、作用领域和发展趋势的工作，准确把握未来人才队伍结构的新变化、新特征，科学制定国家和地区人才培养战略策略，为进一步提升国家综合竞争力提供有力的人才支持。

一、人才表现形态多元化

通常意义上，人才是具有生物特征和思维能力的高等动物，能够制造和使用工具。从事创新性劳动的人是通过教育培养和实践锻炼产生的，其规模、质量、结构等体现了一个国家和地区的经济社会发展水平。人工智能将人智与机器、数据等结合起来，使其成为具有感知、学习、思维、判断、决策和行动力的“类人才”，能够掌握人类可表达抑或人类不可表达、不可感受的知识和能力，并呈现人才特质甚至超越人才特质的深刻变化。“类人才”的出现让人工智能进入了“无所不能”的领域，具有划时代的意义。

人们能够直接感受到的显著变化是工业机器人、商业机器人和家用机器人如雨后春笋般大量涌现，发展迅猛，加速进入工厂、学校、家庭，走进人们的工作、学习和生活中，在各个领域大显神通，参与甚至替代过去人才所从事的工作。这些表现形态尽管只是人工智能发展的冰山一角，但也昭示出其未来难以遏制的发展势头。一些研究机构对被人工智能所替代的岗位进行了预测，结果令人惊诧。花旗银行与牛津大学合作研究表明，中国的人工智能技术发展迅速，未来将有半数以上的岗位被“类人才”所取代。这些岗位涉及范围十分广泛，几乎遍布制造、通信、保险、财务、金融、艺术等领域，包括机械师、军人、警务人员、医护人员、音响师、播音员等100多种岗位，汽车、飞机、舰船等均可实现无人驾驶。到2030年，将有70%的公司使用人工智能技术，进而促进世界经济的增长。

“类人才”并非只具有类似人类的外形。机器人只是人工智能的表象，其体现的是与人的思维和行为的相似性，并非人工智能的全部。在互联网、物联网技术的支持下，人类熟练运用大数据，让“类人才”深度学习，创造性地开展工作，其呈现形式可能是人、机器、大数据等，也可能是服务器上的虚拟程序，抑或是其他无法具象的形态等。例如，运用人工智能来研究和回答量子力学的棘手问题，可以将许多问题化繁为简，而且其推演准确率和速度完全超出了科学家的精力和智力；阿尔法狗打败了围棋高手，人工智能创作的词曲也骗过了大多数专业人才的眼睛；翻译机的翻译速度、准确率远超同声传译和高级翻译；自动驾驶让交通事故率大大下降；人工智能医生让许多患者足不出户就可得到治疗；等等。人工智能不仅解放了人才的体力和智力，更创造出了普通人力无法企及的业绩，超出了预言家的预测。

军事上对人工智能的运用最引人注目。人工智能进入军事领域后，带来了百万、千万个“新型战士”，改变了战争理念、作战手段、指挥系统、后勤保障和战争评价等。一只“机器狗”的综合战斗力远胜过一个连队，甚至更大规模的队伍；人工智能侦察比侦察兵看得更高、更远；应用人工智能分析、处理情报的速度更快，人为干扰因素更少；无人机的加入，改变了飞行员的作用，让经验丰富的飞行员望尘莫及。变革时代已经到来，人工智能的影响广度与深度非同寻常，需要见微知著、未雨绸缪。

二、颠覆人才发展模式

人才一旦被“类人才”取代，就意味着人才表现形态是多样的，可以被制造，会颠覆当下的人才发展模式及格局。

（一）改变人才的内涵

人工智能改变了传统意义上的人才内涵，拓展了人们观察人才质、态的视角。在人工智能时代，人被解放出来，并有可能被异化为没有功能作用的“物”，特别是那些没有学习能力的人；而“物”则因深度学习具有了较强的判断力和快速行动力，成为富有各种新价值的“人才”，释放出人的智慧抑或超出人的能力。按照传统理论，机器是生产劳动的手段，并不创造剩余价值。但“机器人”与过去意义上的机器不同，它被赋予了“生命”的特征，具有专业化水平，既具有劳动工具意义，又具有劳动主体意义，无视其价值和对价值的创造是不合情理的。同时，“类人才”还可能带来异化问题：人才成为人工智能的工具，人才为人工智能所累。这是全社会对于人工智能最为担忧的问题之一。

（二）开辟人才来源新渠道

人才来源于后天培养，是通过教育培养或岗位锻炼产生的。在人工智能时代，这一传统格局被打破，“类人才”不是通过教育培养或岗位锻炼产生的，而是通过设计、运算和生产制造完成的。在人工智能时代，教育机构不再是人才的单一来源。过去，人才在教育机构接受系统培训后，进入企业、机关、事业单位及社会；在人工智能时代，人才可直接由研究机构、生产企业加工量产。有人预测，当人工智能进入高级阶段以后，由于复制的成本低，“新人才”将层出不穷；当发展到一定阶段后，人工智能“新人才”数量就可能会超过地球人口数量。

（三）促进人才结构优化

优化人才结构一直是人才队伍建设的难题。过去，人才按需培养，链条长、成本高、风险大，供需很难平衡，人才质量受被教育者禀赋、后天努力和环境变化的影响较大，同样的投入，产出的人才“产品”却不同。在人工智能时代，“人才”可以按需“制造”，链条短、成本低、风险小、标准统一、行动一致，无须教育培训就可上岗工作。“类人才”可以随时复制、批量定制，根据经济社会发展需求进行动态调整、无缝对接。

（四）大幅度降低人才“供养”成本

“类人才”可以不吃不喝、不睡觉、不度假，甚至不间断地工作，投入产出比更高，政府和企业提供的服务保障也可以随之减少。在新技术形态下，人才管理的规范化、标准化、程序化水平大幅度提高，以人际关系为逻辑起点建构的行为科学理论将日渐式微。

即便进入强人工智能阶段，政府与“类人才”、社会与“类人才”、“类人才”与“类人才”之间的关系也是简单清晰、容易控制和低成本的。“类人才”的出现改变了社会分配机制，被“类人才”替代的人才将会因工作岗位的丢失而失去工资性质的收入，无法依照按劳分配原则获得生活资料，政府必须重构社会整合机制，调整社会分配制度，重建社会保障体系，将离心化的不同群体聚合起来，从而形成命运共同体。

人工智能提高了生产力水平，减少了产品生产加工成本，隐含在商品中的社会必要劳动时间相应缩短，社会财富生产供给的边际成本递减，产品更加丰富，提高了满足人们需求的能力。

（五）利于规避人才流动障碍

第一，缓解生育率下降和人口老龄化压力带来的危机感。目前，全球人口的生育率呈下降趋势，人口老龄化严重，老龄化带来的劳动力短缺等问题将越来越突出，而人才被“制造”和“复制”可以大大缓解这些压力。把握住这一时代发展趋势，就能极大地增强社会竞争力。

第二，增强人才流动安全。人才竞争历来是没有硝烟的战斗，关乎国家安全、政权稳定。随着人工智能技术的介入，人才交流体系会更加平等、开放、安全，不仅有利于降低因寻找人才而花费的成本，而且能规避许多竞争风险。

（六）改写人的生命意义

在人工智能时代，从事大量繁重、重复性的体力劳动的人才被技术创新下的“类人才”解放出来，这些被替代的人才将面临新的职业选择困境，甚至有人认为他们连被资本剥削的机会也不复存在。即便整个社会的就业岗位总量不减少，但被“解放出来”的相当一部分人才因学习能力不足、适应能力不强，重新获得职业发展的机会就十分渺茫，其赋闲时间明显增多。这类人才群体如何体现生命的意义，实现“人的全面自由发展”，将成为未来人类社会发展进步面临的新课题，也将成为构建人类命运共同体无法回避的问题。

三、人才的替代及限度

有人认为，历次科技革命和工业革命发生后的人才需求量都是不降反升的，以后也不可能例外。

第一次工业革命爆发后，“人拉马驮”模式退出了历史舞台，既解放了牛力、马力等，又解放了人力。人们因此担忧会有大量的人才失业，后来发现，基于生产力发展衍生出的新职业、新岗位成倍增加，之前的担忧是多余的。第二次、第三次工业革命爆发后，不少预言家重提旧事，但结果大相径庭，同样是杞人忧天。第四次工业革命已处于孕育期，人工智能成为引领性技术，对未来人才发展战略，特别是对人才岗位的影响，是否与前几次工业革命一样呢？

历次工业革命的机理几乎是一样的，人才岗位需求也必定会发生结构性变化，但绝不会是以往历次工业革命结果的简单重复。例如，围绕人工智能逻辑展开的产业体系会逐步形成、延伸、完善，新的人才需求会逐步积聚扩大，呈现出人才的此消彼长、更新迭代。再如，“类人才”增多后，设计、制造、测试、维护等工作应运而生，此时材料开发、实现机制、安全保障、心理适应研究等工作必须跟上并满足社会的需求。换句话说，人工智能改变的是人才结构，不是不再需要人才，而是需要更多“适销对路”的人才。适应这一重要变化的科学态度是人们应能够准确预测哪些岗位会消失、哪些岗位会应运而生。

人们必须清醒地意识到第四次工业革命与以往历次相比更具有颠覆性，它是通过提高人工智能的精确算法、深度学习、视听触觉能力来提升大数据支撑的，从而进行精准概率统计，再现人才特征和能力。人工智能对人才的替代范围更广、程度更深、规模更大。目前，人们并不能清楚地预知具体的人才需求结构的增减变化，但随着人工智能的快速发展和广泛应用，现有的人才就业岗位大幅减少甚至消失将成为不可逆转的趋势。

如果缺乏对未来人才需求的科学预测，那么就会出现人才短缺与人才冗余并存的现象。一般来说，机械性的、重复性的、例行性的工作可以由“类人才”完成，而创造性的、灵活性的、例外性的工作则必须由人或由人操控完成。“类人才”越多，其衍生出来的工作岗位就会越多，未来社会是人机共存的时代。目前，人们要做的工作是有效预测哪些“人才”可以制造、哪些“人才”仍然需要教育培养，对于不可以生产制造和可以被生产制造的“人才”，都应有因应之策。通过科学调整人才教育培养结构，把不同资源投入到不同类型人才的培养工作中。在人工智能时代，大量人才仍需要通过各类学校教育培养产生，对教育机构的要求并没有降低，而是提出了更高的要求，教育机构必须更新教育培养理念、创新教育培养内容、拓展教育培养方式。

目前，由于“类人才”具有智高情弱的特点，如果人才要与之共存，就必须具备更强的想象力、创造力、同理心和文化力。这些能力较之于其他能力更重要，可以影响社会竞争力甚至生存力，不能继续依靠知识传授、累积来获得。例如，各类编程师作为特殊人才不可或缺，其数学能力、计算机应用能力固然重要，但要想具备竞争优势，不能仅有出众的抽象逻辑推算能力，更要具备想象力和创造力；酿酒师还要善于讲故事，赋予产品更多的文化色彩；厨师除了厨“技”精湛以外，还要大幅度提升厨“艺”水平。人才想象力、创造力、同理心、文化力的培养和形成是个复杂漫长的过程，难以通过人工智能实现，人工智能时代的人才培养，要求更高、难度更大、任务更艰巨。

四、人才培养模式的嬗变

人工智能的发展使人类社会教育模式面临新的挑战，迫使传统的人才教育发生革命性变化。未来，可能会将所有需要记忆的知识在编辑整理后存储于知识芯片并植入人类的大脑，由人们按需自主使用；可能会通过复制的方式快速浏览文字、图片、影像等，并且这些资料还可能具有同质美学价值。届时，在基础教育、高等教育、继续教育中习以为常的知识传授和记忆复制行为可能失去合理性，新的人才教育观和人才培养模式将应运而生。因此，必须培养人机并存意识，提高人机协同能力。目前，我国教育在这一重大变革中的压力更大、任务更艰巨。

除此之外，人们还要面临新的“类人才”设计、生产和运用等问题，不仅要继续做好传统意义上的人才培养、选拔、使用和管理等工作，而且要思考“类人才”问题。如何使“类人才”更聪明、更有创造力，是当下必须重点攻克的难题。

有人给人工智能涂上了神秘的色彩，令很多人对未来感到恐惧。库兹韦尔断言，人工智能技术“奇点”一旦到来，人类智慧和计算机能力将被全面超越。普金认为，人工智能的高级形态是自我意志，一个与人们有冲突的意志，导致人类无法与智能机器竞争。马斯克预言，人类确保人工智能绝对安全的概率仅有 5%～10%，呼吁禁止使用致命的自主武器和“杀手机器人”。这些观点都是对人才与“类人才”的安全以及两种“人才”之间的伦理关系和合法性问题的担忧，有其合理性。“类人才”由人才创造，无论将来人工智能如何发展，“类人才”终归都会在人类价值权衡和智慧面前被限制，成为人类命运共同体的有益补充。

第三章 人工智能的行业应用

第一节 智慧交通

随着社会经济和科技的快速发展，城市化水平越来越高，机动车保有量迅速增加，交通拥挤、环境污染、能源短缺等问题已经成为世界各国面临的共同难题。智慧交通以现代信息技术为手段，全面提升了交通管理和服务水平，使人、车、路密切配合，发挥协同效应，提高了交通运输效率，保障了交通安全，改善了交通运输环境，提高了能源利用效率。

一、智慧交通的概念

智慧交通是在智能交通的基础上融入物联网、云计算、大数据、移动互联等高新技术，通过高新技术汇集交通信息，提供具有实时交通数据的交通信息服务。智慧交通大量使用了数据模型、数据挖掘等数据处理技术，提升了交通的系统性与实时性、信息交流的交互性及服务的广泛性。

智慧交通主要满足交通实时监控、公共车辆管理、旅行信息服务和车辆辅助控制四个方面的应用需求。智慧交通应用于公路、铁路、城轨、水运和航运等领域，例如车联网、机场数字化调度、高速公路光纤联网和地铁免费 Wi-Fi 等，位置信息、交通流量、速度、占有率、排队长度、行程时间、区间速度等都是智慧交通最为重要的数据。物联网的大数据平台在采集和存储海量交通数据的同时，可以对关联用户信息和位置信息进行深层次的数据挖掘，发现隐藏在数据中的价值。

二、智慧交通系统及其关键技术

（一）智慧交通系统

智慧交通系统是将先进的信息技术、计算机技术、数据通信技术、传感器技术、电子控制技术、人工智能技术、云计算技术、物联网技术和大数据处理技术等运用在交通运输、服务控制和车辆制造等方面，加强车辆、道路、使用者三者之间的联系，从而形成一种保障安全、提高效率、改善环境、节约能源的综合运输系统。

智慧交通系统是未来交通系统的发展方向，它将建立一个大范围、全方位发挥作用的，实时、准确、高效的综合交通运输管理系统，使交通系统在区域、城市甚至更大的时空范围内具备感知、互联、分析、预测、控制等能力，充分保障交通安全，发挥交通基础设施效能，提升交通系统运行效率和管理水平，为通畅的公众出行和可持续的经济发展服务。

（二）关键技术

在智慧交通中融入了物联网、云计算和人工智能等高新技术，以汇集和处理信息。智慧交通中的关键技术有如下几种：

1.智能识别和无线传感技术

智能识别和无线传感技术是感知和标识物体最重要的技术手段，是智慧交通系统建设的基础。智能识别即在每个物体中嵌入唯一识别码，识别码可以利用条码、二维码等有源或无源标签实现，在这些标签中含有物体独特的信息，包括特征、位置等，这些信息被智能设备读取并上传至上层系统进行识别处理。无线传感网络是部署在目标检测区域内的由大量传感器节点构成的传感器网络，各节点间通过无线网络交换信息，具有灵活、低成本和便于部署的优势。

在智慧交通网络中，传感器分布在采集节点和汇聚节点，每个采集节点都是一个小型嵌入式信息处理系统，负责环境信息的采集处理，然后发送至其他节点或传输至汇聚节点。汇聚节点接收到各采集节点传来的信息并进行融合后，再将其传送至上一级处理中心。

2.云计算技术

智慧交通中的云计算技术主要针对交通服务行业，通过充分利用云计算的海量存储、信息安全、资源统一处理等优势，为交通运输领域的数据共享和有效管理提供了便利。云计算是指将大量高速计算机集中在网络平台上，构成一个大型虚拟资源池，为远程上网终端用户提供计算和存储服务的技术。用户只需要事先租用云计算服务商提供的服务器，便能根据需要自由使用云端资源，而不需要购买任何软件或硬件。

智慧交通中的云计算技术还可以为用户提供按需使用的虚拟服务器以及直接用于软件开发的应用程序界面或开发平台。智慧交通云计算平台可以实现海量数据的存储、预处理、计算和分析，能有效地缓解数据存储和实时处理的压力，在智慧交通领域发挥了巨大的作用。

3.数据处理技术

在智慧交通中，数据的海量性、多样性、异构性决定了数据处理的复杂性，从交通设施及来往车辆数据的采集到交通事件的判定检测，都需要对数据进行实时、准确地处理。在智慧交通中，常用的数据处理技术有数据融合、数据挖掘、数据活化等。

数据融合是一种涉及人工智能、通信、决策论、估计理论等多个领域的综合性数据处理技术，能从数据层、特征层和决策层对多源信息进行探测、通信、关联、估计和分析。数据融合涉及的传感器种类较多，在融合之前还要对数据进行时间和空间的预处理。

数据挖掘可以从海量的独立数据中发掘出真正有价值的信息，将那些有噪声的、模糊的、无规律的数据处理成有用的数据。

数据活化是一种新型的数据组织和处理技术。数据活化最基本的单位是“活化细胞”，兼具存储、映射、计算等能力，是能随物理世界中数据描述对象的变化而自主演化、随用户行为对自身数据进行适应性重组的功能单元。数据活化将为交通运输领域带来一场颠覆式的变革。

未来，智慧交通可能朝着数据驱动的方向发展，通过数据分析结果来了解城市的交通情况，为居民提供导航、定位、公告、交通引流等服务。

4.系统集成技术

不同省（区、市）、不同部门、不同场景的智慧交通系统处于分散状态，无法共享数据，这会导致智慧交通系统无法充分发挥其应有的作用。

智慧交通领域的系统集成可分为数据集成和设备集成。数据集成有两种应用方式：一种是单个平台系统内部数据的融合，如车辆检测模块中多个传感器信息的融合处理；另一种是多平台多传感器不同时期相关数据的分析处理，通过融合得到潜在数据并对交通信息进行预测。

相关部门可以制定统一的智慧交通标准体系和管理规范，建立规范的管理平台，将智慧交通产业链中的政府资源、企业资源、科研资源融合在一起，然后由大型企业牵头，协调智慧交通产业的发展，最终形成完整的智慧交通管理体系。

三、智慧交通的应用

交通是城市经济发展的动脉，智慧交通是智慧城市建设的重要组成部分。智慧交通能缓解交通拥堵，最大限度地发挥城市交通效能。随着5G、物联网、人工智能、大数据等技术的发展，智慧交通的建设进入快速发展阶段。

智慧交通的主要应用有以下几种：

（一）自动驾驶

自动驾驶系统采用先进的通信、计算机、网络和控制技术，对汽车实现实时、连续的控制。成熟的自动驾驶技术不仅能减少交通事故，而且能改善交通拥堵的状况。

（二）车联网

应用车联网技术，可以将车辆位置、路线、速度等信息发送到智能联网平台，系统会自动为车辆安排最佳行驶路线，避免出现车辆走错路和堵车等问题的出现，减少了人们查询和规划路线的时间。车联网技术不但拥有导航功能，而且有车辆检测、远程控制、位置提醒、车辆定位等功能，赋予车辆通过网络互通互联进行信息交换的功能，使人们的出行更加便捷。

（三）智慧交通监控系统

随着监控系统的广泛应用，视频监控技术在智慧交通中发挥着重要作用，使可视化交通成为发展趋势。通过智慧交通监控系统，交管人员可以对车辆与行人进行信息化的搜索、分析，指挥、调度车辆，对危险运输进行管理，为应急救援提供服务。

智慧交通监控系统通过对交通路况的监控，全面监视城市中的每个交通枢纽，通过视频分析，对监控画面中的机动车、非机动车和行人进行分类，对车辆特征进行辨别，为交通状况监控、交通肇事逃逸追捕、刑事治安案件侦破等提供线索和证据，大大地提高了交通管理水平及办案的成功率。

（四）智慧路灯

智慧路灯作为智慧城市的重要数据入口，集照明、监控、环境监测、LED显示、一键报警、交通指示等功能于一体，对交通路况的监测、指挥有重要的作用。在人们求助报警时，系统平台可以快速地定位报警人员的位置，并且可以通过灯杆上的显示屏与报警人员进行视频通话。

智慧路灯系统可以实现按需照明，通过实时采集照明数据，单独调节每盏路灯的亮度，为城市节能。未来，还可以依托智慧路灯系统建立城市物联网系统，各类应用可全方位地接入物联网。

（五）智慧停车

智慧停车是指将无线通信技术、移动终端技术、GPS 定位技术、GIS 技术等综合应用于停车位的采集、管理、查询、预订与导航服务，实现停车资源的实时更新、查询、预订与导航服务一体化。

智慧停车系统可以提高车位的利用率，实现停车位资源利用率的最大化、停车场利润率的最大化和车主停车服务的最优化。

（六）高速公路移动支付

为了缓解现金支付等造成的行车速度慢、收费口堵车等问题，移动支付等更便捷的“无感支付”方式被大力推行。在无感支付中，有两个代表性的支付方式，即扫码付和车牌付。

扫码付是指车主可在无感支付车道使用微信、支付宝等第三方支付方式进行支付。车牌付包括 ETC 不停车收费及入口处领通行卡、出口处交还通行卡两种方式。

系统自动识别车牌并完成后台扣费后，还会推送通行和缴费信息到用户的手机上。这极大地缓解了高速等公路收费人员的工作压力。

第二节 智能教育

大数据和人工智能技术正在提升教育的个性化、规模化和效率化，“人工智能+教育”是人工智能技术对教育产业的赋能。

一、智能学习管理

人工智能在学习管理领域发展得较为成熟，相关服务及产品包括拍照搜题、分层排课与自适应学习、伴读机器人等。这些业务主要以计算机视觉、语音交互等技术为核心，帮助学生完成学习管理。

（一）主要应用

1.拍照搜题

拍照搜题是基于 AI 技术的图像和文字识别技术，可实现图片与文字的识别转换，可识别图形符号和复杂公式等内容，进而快捷、高效地匹配题库。该技术具备快速精准搜题、高效切题组卷、建立校本题库、智能标注考点、观看习题讲解、系统诊断错题、1 对 1 在线辅导和产品定制等功能。

拍照搜题功能从技术的实现角度来看，主要有以下两种应用形式：

第一种形式是以图搜图，即让平台中的题库同样按照图片的格式存储，当平台处理一个用户拍摄上传的解题需求时，通过计算用户所上传题目图片的特征，进行搜索排序，从题库中找到最具相似特征的图片，该图片上的习题通常就是用户所搜索的。在本质上，这种方案是基于计算机视觉特征识别的匹配检索技术。

另一种更为先进的应用形式是基于深度学习的光学文字识别。这种形式支持手写公式识别，可以完成加、减、乘、除的基本运算，可以解一元一次方程、一元二次方程和二元一次方程组。

2.分层排课与自适应学习

人工智能系统根据学生现有的知识、能力水平和潜力，可以把学生科学地分为水平相近的几个小组，并提供差异化服务。同时，人工智能系统可在线收集、统计学生的选课数据，为学生安排适合他们的课程。学生在这种分层策略与针对性排课下能得到更好的发展。基于智能搜索技术，系统能够依据学生的学习进度与效果进行评估，针对所有课程进行对应匹配搜索，还能以课程资源、教师资源、课时安排为约束进行策略输出，并在学习过程中根据学生的测评结果，实时调整课程安排。

3.伴读机器人

伴读机器人是以语音识别、语音交互等技术为基础，拥有代替家长与孩子进行交流、诵读书目、讲故事等功能的机器人。伴读机器人的核心价值在于它能理解用户的需求，帮助用户快速、准确地找到相关的学习内容。用户可与伴读机器人直接进行语音交互，系统通过语音识别理解用户的意图，通过机器学习掌握用户的偏好，搜索数据库，将答案反馈给用户。有些伴读机器人还具有视觉识别功能，能够分辨孩子是否离开、所处环境是否有危险等。

（二）应用实例

阿凡题是专注基础教育领域的拍照答题类 App。用户拍下题目并上传后，在几秒钟之内，服务器就能从题库中搜到解题步骤和答案，国内同类产品还有作业帮、学习宝、小猿搜题等。

阿凡题曾推出“阿凡题-X”，并将其定义为“拍照计算器”。它通过引入人工智能技术，使得该产品摆脱了同类产品传统上对题库的依赖，从拍照搜题 1.0 时代进入了拍照解题 2.0 时代。当然，这一产品还存在很多局限性，需要进一步完善。

二、智能学习测评

（一）主要应用

学习测评是学习活动中次外围的学习环节，基于学习测评的效果反馈能够让教师掌握学生的学习进度与学习效果，实时调节教学安排。基于人工智能的学习测评主要体现在口语测评、组卷阅卷等具体活动中，多采用语音识别、图像识别、自然语言处理等技术，目前应用最多的是口语测评。

口语测评是语言学习的重要组成部分。口语测评系统可替代教师对学生进行口语陪练，可辅助口语等级考试测评及评分统计等相关工作。目前，其功能主要有音标发音、短文朗读、看图说话、口头作文等。在测评中，系统通过语音识别等技术获取用户语音，同时匹配语音大数据，并通过语音计算模型得出发音得分，为口语测评提供语音、语调、情绪表达等多种统计指标。

（二）应用实例

“流利说®”是上海流利说信息技术有限公司的主打产品。在英语课堂正式开始前，用户需要进行定级测试，定级后系统会推送相应水平的课程。课程的学习材料形式通常为音频，有时会辅以图片，中间还会穿插听写、排序、语音跟读等练习环节。

三、智能教学辅助

教学辅助是学习过程的次核心环节，人工智能能够为学生和教师提供学习与教学方面的一系列辅助，如智能批改、作业布置、个性化教案和 AI 课堂等。

（一）主要应用

1.智能批改

在智能批改中，作文批改、作业批改是较为热门的选项。智能批改完整的流程是由教师线上布置作业，到人工智能自动批改，并生成学情报告和错题集，再到对教师、家长和学生进行反馈，并根据学生的学习情况进行习题推荐。智能批改需要利用智能图像识别技术对手写文字进行识别，深度分析词语和段落表达的含义，并对逻辑应用进行模型分析。相对于人工批改来说，智能批改可以及时标注错误内容和错误原因，批改速度更快。

2.作业布置

作业布置主要体现了人工智能的自适应特性。人工智能系统可以根据学生以往的学习情况、测试成绩、错题情况、学习进度和作业完成度等具体数据，智能识别当前学生的学习阶段，并匹配下一轮作业的内容，然后根据作业批改的结果对下一轮作业的布置情况进行预测。学生能通过智能作业布置实现个性化学习，有针对性地对薄弱环节进行提高。

3.个性化教案

人工智能可基于学生的学习情况，通过计算机视觉、自然语言处理、数据挖掘等技术，为教师生成个性化教案，节省教师用于备课的时间与精力，也为教育资源匮乏地区教师的备课提供方向与建议。

4.AI 课堂

自 2011 年起，“智慧课堂”产品开始在市场上涌现，这类产品强调的是基础数据整合，旨在利用大数据分析学生的错题情况，具有基础的语音朗读和评测能力。2016 年以后，具有 AI 语音、视觉模式识别功能的产品开始进入课堂，AI 课堂质量监测引起人们的关注。这类产品可以通过表情识别、语音识别、姿态识别等技术，分析学生听课的专注度。为了进一步顺应课堂教学改革的需求，发挥互动课堂、翻转课堂等教学模式的优势，AI 课堂将进一步完善，

AI 辅助的策略化点播和发散性学习将是其需要重点努力的方向。未来，AI 课堂可能会帮助教师实现真正的个性化教学。

（二）应用实例

“批改网”是一个以自然语言处理技术和语料库技术为基础的在线自动评测系统。它可以分析学生的英语作文与标准语料库之间的差别，进而对学生的作文进行即时评分，并提供改善性建议和内容分析结果。这个系统不但可以提供作文的整体评语，而且可以按句点评，并在语法错误、用词错误、表达不规范的地方给予反馈提示，为学生提供修改建议。

四、智能教育认知与思考

传统的教学是以教师的经验来驱动的，教师通常会遵循一定的节奏，根据以往的教学经验进行课堂教学。但不同教师对学生学习情况的判断是不一样的，这导致他们为学生制订的教学计划也不同。即使经验值相等的两名教师，也会在脾气秉性、教学风格上有所差异，这些因素可能影响教学效果。

人工智能自适应学习系统旨在聚集并量化优秀教师的宝贵经验，以数据和技术来驱动教学，最大化地缩小教师水平的差异，提高整体教学效果。

人工智能可以通过一系列测评、规划、挖掘、推送等自适应活动，完成智能的认知与思考过程，具体体现为以下三点：

（一）规划学习路径与推送学习内容

人工智能通过自适应测评初步了解学生的情况，通过智能规划学习路径，针对学生进行备课，然后匹配算法，完成学生学习进度与学习内容的计划安排，还能进行学习内容的智能推送。

（二）侦测能力缺陷与学习进度

人工智能可基于学生的学习过程，对其学习结果进行测试，还可基于学习环节与练习环节自动挖掘问题、发现教学漏洞，并通过最后的自适应评测评估教学效果，为学生的下一轮学习进行智能规划与资料推送准备。其整个认知思考过程应用了自适应测评、数据挖掘等技术。

（三）智能组卷

人工智能基于学生的学习情况，针对当前学生的学习进度匹配题库，在对题库已有数据进行分析组合后，能生成满足个人不同需求的练习卷。它还可以通过机器学习算法，以用户个人历史使用数据、学生过往错题为参照，在进行智能分析的基础上，生成具有较强针对性的练习卷。

第三节 智慧物流

随着物联网、互联网、通信网等技术的发展，尤其是大数据和云计算技术的广泛应用，传统物流业开始向现代物流业转型，智慧物流应运而生。

一、智慧物流的概念

由于“智慧物流”这一概念还比较新，因而迄今为止学术界还没有完全取得共识，仍存在着理解上的差异：一种观点把“智慧物流”看成一个名词，认为它是一种确定的、高水平的物流形态；另一种观点把“智慧物流”看成“有智慧的物流”，其中的“智慧”作为形容词，仅仅是对某一项具体物流的形容或判断。

很多学者都在探讨物流的发展问题，提出了各种各样的看法，进行了多方面的探索，“智慧物流”便是人们为物流指明的新的发展方向。现在，“智慧物流”已经成为全新的、超前的物流理念，是创新的产业形态与运作形态。

物流策划专家李芏巍认为，智慧物流是将互联网与新一代信息技术应用于物流业中，实现物流的自动化、可视化、可控化、智能化、信息化和网络化，从而提高资源利用率的服务模式和提高生产力水平的创新形态。

北京物资学院原副院长王之泰认为，智慧物流是将互联网与新一代信息技术和现代管理应用于物流业，实现物流的自动化、可视化、可控化、智能化、信息化和网络化的创新形态。“智慧”的获得并不完全是技术方面的问题，应增加管理的内涵，要防止把技术问题绝对化。

成都信息工程大学原副校长贺盛瑜从管理的视角出发，认为智慧物流是物流企业通过运用现代信息技术，实现对货物流程的控制，从而降低成本、提高效益的管理活动。

笔者认为，智慧物流是以“互联网+”为核心，以物联网、云计算、大数据及“三网融合”（“三网”指传感网、物联网与互联网）等为技术支撑，以物流产业自动化基础设施、智能化业务运营、信息系统辅助决策和关键配套资源为基础，通过物流各环节、各企业的信息系统无缝集成，实现物流全过程可自动感知识别、可跟踪溯源、可实时应对、可智能优化决策的物流业务形态。

二、智慧物流的主要特征与驱动因素

大数据等新技术在物流行业的应用，使得新模式不断涌现，为智慧物流的发展打下了坚实的基础，不仅推动了电子商务的发展，而且极大地推动了物流行业的发展。

（一）智慧物流的主要特征

智慧物流是将大数据、物联网、云计算等信息技术应用于物流的各个环节，使物流系统模仿人的思维，全程采集信息、分析信息并作出决策，自动解决物流过程中存在的障碍的物流系统。

1.智能化

在大数据、人工智能背景下，自动化技术不断创新。智能化贯穿了物流全过程，涵盖可视化监控、图像分类、自动分拣、对象检测、目标跟踪、线路优化、数据预判和物流配送等方面。

2.个性化

在现代社会，消费者对独特、另类、个性服务的需求逐渐增加，即需要独具一格的增值服务。在生产服务领域，智慧物流基于智慧化理念，以用户大数据为核心，可明确用户的个性化需求，并为其提供具有针对性的服务。

3.一体化

智慧物流的一体化特征是指随着技术应用、数据共享、信息互通的不断完善，企业与用户的距离越来越近，其基础是大数据的采集、处理和利用。智慧物流服务一体化将分散的各个环节集合优化，减少运输能耗，提高企业的经济效益和物流服务的质量。

（二）智慧物流的驱动因素

1.“互联网+”物流业的大力推进

大数据等现代技术发挥了巨大力量，使得物流行业以新的模式、新的面貌发展演变。自 2015 年以来，我国各级政府先后出台了鼓励物流行业向智能化发展的政策，给物流行业的发展带来了丰富的想象空间，为智慧物流模式带来了创新机遇。智慧物流可发挥互联网平台实时、高效、精准的优势，有效提高物流行业的管理效率，降低成本，实现运输工具和货物的实时在线化、可视化管理，激发市场主体的创新活力。

物联网在物流智能化过程中充分发挥其优势，使物流行业快速发展，重点发展了高效的现代化物流模式。其主要体现在如下方面：总结、推广配送试点经验，培育了一批具有资源整合功能的城市配送综合信息服务平台；将北斗导航定位等技术与智能化物流网络深度融合，建设智能化物流体系。

2.新商业模式涌现，对智慧物流提出要求

近年来，电子商务、新零售等各种新型商业模式快速发展，爆发式增长的业务量对物流行业的包裹处理效率、配送成本提出了更高要求。

由用户需求驱动生产制造，企业可以去除中间流通环节，为用户提供高品质、价格合理的商品。在这种模式下，消费者诉求将直达制造商。这对物流的及时响应与匹配能力提出了更高的要求。

3.物流运作模式革新，增强智慧物流需求

在大数据时代，物流行业改变了原来的市场环境和运输流程，推动建立新模式和新业态，如车货匹配、众包运力等。信息化水平的提升激发了多式联运的发展，新的运输模式正在形成，与之相适应的智慧物流快速发展。

车货匹配可分为两类，即同城货运匹配和城际货运匹配。货主发布运输需求后，平台根据货物属性、距离等智能匹配在平台注册的运力，提供各类增值服务。这对物流的数据处理、车辆状态与货物的精确匹配度能力的要求极高。

众包运力主要服务于同城货运匹配市场，由平台整合各类零散的个人资源，为客户提供即时的同城配送服务。平台的智慧物流内容包括如何管理运力资源，如何通过距离、配送价格、周边配送员数量等信息进行精确的订单分配，以期望为消费者提供最优质的客户体验。

多式联运包括海上运输、公路运输、航空运输等多类型多式联运组织模式。在“一带一路”倡议落实的过程中，多式联运迎来了加速发展的重要机遇。由于运输过程涉及多种运输工具，为实现全程可追溯与各种运输方式之间的贯

通，信息化运作十分重要。同时，无线射频、物联网等技术的应用，大大提高了多式联运换装转运的自动化作业水平。

4.仓内技术、无人机技术、智能数据底盘等与智慧物流相关的技术日趋成熟

仓内技术主要是机器人技术，主要应用于自动导引运输车、无人叉车、货架穿梭车、分拣机器人等方面，协助进行仓内的货物搬运、上架、分拣操作，可有效提升仓内的操作效率，降低成本。

无人机技术主要应用于干线无人机与配送无人机两类。其中，配送无人机的研发已较为成熟，主要应用于配送末端“最后一公里”的配送服务。

智能数据底盘技术可对商流、物流等数据进行收集、分析，主要应用于需求预测、仓储网络、设备维修预警等方面。

三、智慧物流的功能体系

智慧物流从宏观、中观和微观的角度来看，其功能体系包括三个层面，即智慧物流商物管控、智慧物流供应链运营管理和智慧物流业务管理。

（一）智慧物流商物管控

从智慧物流宏观层面进行分析，智慧物流商物管控包括物品品类管理、物流网络管控和流量流向管控。这里的“商物”主要包括商品、物品、产品、货物及物资等。物品品类的管理，如农产品物流、工业品物流等的管理，是保障供需平衡的基础；在物流网络管控中，对物流网络的节点和通道的管控是供需衔接的关键；流量流向管控即把握物流动态，以预测、规划、调整各类商物的供需。

（二）智慧物流供应链运营管理

从智慧物流中观层面进行分析，智慧物流供应链运营管理包括采购物流、生产物流、销售物流和客户管理。

智慧物流供应链运营管理将采购物流系统、生产物流系统、销售物流系统和客户管理系统智能融合，提高了企业的经济效益。

（三）智慧物流业务管理

从智慧物流微观层面进行分析，智慧物流业务管理包括智能运输、自动仓储、动态配送和信息控制等内容。智能运输将先进的信息技术、数据通信技术、传感器技术、自动控制技术等综合运用于物流运输系统，实现了运输环节的运输计划、运输执行及运输结算的自动化管理、监控、信息采集和传输；自动仓储运用自动分拣系统和信息技术，实现了对入库环节物流信息的采集、入库流程的安排，对库内货位信息、实时动态情况的监管和定期盘点，对出库环节备货、理货、交接和存档等进行自动化、智能化处理和即时信息采集传输；动态配送是基于对即时获得的交通条件、用户数量及分布、用户需求等相关信息的采集、传输和分析，制定动态的配送方案；信息控制主要运用大数据等技术，通过对物流信息的全面感知、针对性采集、安全传输和智能控制，实现物流信息控制，可进一步提高整个物流运输链的反应速度和准确性。

第四节 智能家居

智能家居为人们提供了更安全、更舒适、更高质量的居住环境。智能家居通过对通信技术、智能控制技术、自动化控制技术进行综合运用，将包括智能家电、家具、安防控制设备等在内的硬件和包括控制系统、云计算平台在内的软件共同组成了一个家居生态圈，通常可以起到提高人们生活质量、降低能源消耗等作用。智能家居可实现的功能有用户远程控制设备、设备互联互通、远程监控，以及通过收集、分析用户数据，对家居环境进行优化等。

一、智能安防

传统的家居安防仅限于防火、防盗，并且往往与其他家居功能割裂开来，未来的智能家居将向多功能、一体化、全屋系统方向发展。目前，智能安防通常被视为家居物联网体系中的重要一环，其将烟雾和燃气传感器、智能监控摄像头、网络报警灯系统集成在一起，能够让使用者在一个操作平台上一次性解决多种问题。例如，通过人脸识别，可判断对方是可疑人物，还是可信任对象。近期发布的各式居家机器人也能够实时监控家中的环境，既可基于语音交互技术实时反馈家中的安全问题，又可进行更多、更复杂的操作，如网购、打电话、操控其他设备等。

二、智能家电

智能家电系统能够串联所有基于人工智能的家电产品，用户可通过智能音箱进行语音控制，实现听音乐、获取信息、辅助生活管理等功能，还可通过音箱语音控制家中其他智能家电或者智能受控设备。

除了让音箱成为家庭中控系统外，电视等家电设备也可拥有独立的语音控制系统，实现音量调整、频道更换、快进后退、资源搜索等功能。计算机视觉技术可以实现对电视视频内容的识别，用户可及时了解感兴趣的信息。监控系统中的摄像机可搭载视觉算法，实现智能追踪、移动物体识别、音像关联等功能，有效保障家庭财产安全。

机器人技术的逐步发展还使儿童机器人、陪伴机器人等产品日益受到家长的欢迎，它们能够让孩子在互动娱乐中轻松学习，寓学于乐。除此之外，还有承担家务的工作机器人等。

第五节 智能工业

智能工业主要包括智能研发设计、智能工业生产制造、智能工业质检、智能工业安检和智能设备维护等。其中，智能工业质检和智能工业安检是人工智能在制造领域成熟度最高的应用，利用图像识别与深度学习技术，可以解决传统质检人工成本高、无法长时间连续作业、只能抽检等问题，进而大幅度提升产品的质检效率和准确率。

一、智能研发设计

（一）主要应用

研发设计是生产周期中的首要环节。人工智能助力智能研发设计主要体现在对研发过程中的市场产品需求预测和智能设计软件两方面。市场产品需求预测的重点是基于销售数据建立用户画像模型，从而预测产品的销售情况。人工智能的解决方案包括如下内容：通过智能终端获取用户数据；通过用户数据建立用户画像；通过建模参数优化给出预测的营销支撑数据，判断客户的购买意愿；针对不同客户群体优化销售、营销策略等。其难点及风险主要为用户数据标准化程度低、客户行为分析难度高、用户数据多、涉及个人隐私及商业机密，以及数据获取困难等。

智能研发设计主要是使用智能助手为设计师提供满足相关标准的设计参数或设计方案建议。其解决方案包括如下方面：根据国家标准和行业标准建立标准件参数库；以成熟产品的设计参数建立数据库，对不同类型产品参数进行分类；以分类后的参数库作为训练样本，对深度学习算法进行训练；在用户开启智能功能时，为非标准件提供参数建议；基于知识图谱组建智能研发设计模块。其具体难点及风险包括如下方面：国家标准和行业标准数据繁杂，机器学习样本分类难度大；直觉型 AI 的稳定性和可解释性较差，应用效果难以保证；技术推广前期市场接受程度较低。

智能设计能够缩短设计周期，减轻设计师的工作负担。基于知识图谱的智能设计模块还能够避免因设计失误而造成的设计方案反复修改问题，提升产品的市场竞争力。

（二）应用实例

Autodesk（欧特克）是著名的设计软件 AutoCAD 的供应商。基于人工智能算法，Autodesk 推出了新一代的智能 CAD 设计系统 Dreamcatcher。Dreamcatcher 是一个生成性设计系统，它使设计人员能够通过条件和约束来定义他们的设计问题，这些条件和约束信息用于合成满足目标的替代性设计解决方案。

设计人员可以在许多替代方案之间进行权衡，并为制造业选择设计方案。Dreamcatcher 系统允许设计人员输入特定的设计目标，包括功能需求、材料类型、制造方法、性能标准和成本限制。

系统在加载设计需求后，会搜索一个程序化的综合设计库，并对大量生成的设计方案进行评估，以满足设计需求，然后将得到的设计备选方案及每个解决方案的性能数据向用户反馈。

设计人员能够实时评估生成的解决方案，并可随时返回问题定义界面，以调整目标和约束，从而生成优化后的新结果。一旦设计方案达到令人满意的程度，设计人员就可以将设计输出至制造工具，或者将得到的几何图形输出至其他软件工具中。

二、智能工业生产制造

（一）主要应用

目前，基于AI的各种工业机器人在生产制造中发挥着重要的作用。随着柔性生产模式的转型，具备感知、规划、学习能力的智能定位机器人和智能检测机器人陆续出现。智能定位机器人通过机器视觉系统，结合双目摄像头，引导机械手运动，不仅可以完成对工件的抓取和放置等操作，而且能进行焊缝、抛光、喷涂、外壳平整等多项作业。

协作机器人能为柔性制造提升加工精度，为人机协同降低用工成本，为多级并联提高生产效率。协作机器人可通过人工智能模块加载，实现人机协同和多机协作；通过算法训练，为机器加工力度、精度等提供校准、纠错等辅助。但目前协作机器人仍处于初级人工智能阶段，还达不到人机互动、人机协同的水平。

焊接机器人的用途是提高焊接效率、减小焊缝间隙、保持表面平整。人工智能可以针对焊接精度进行算法补偿，针对焊接定位误差、焊接面积误差等进行辅助修正，以提高精度。

在自动生产调节方面，特殊行业制造往往需要恒温、恒压、恒湿的无尘环境以及洁净的压缩空气。制造压缩空气的大型机台需要使用冷却水，而厂务站房里的空压机和冰机的耗电量一般会占到厂务系统的60%左右。对此，解决耗电量大等问题的方案是根据厂务运转机理和历史运行数据对厂务系统进行建模，输入可调参数，输出厂务运行状态，用深度学习算法拟合输入与输出的关系，把依靠人的观察和经验调节变为系统智能调节，把滞后的应激式调节变为预测性调节，把设备定期维护变为实时监测设备状态和预测性维护报警。

（二）应用实例

库卡机器人有限公司建立于德国巴伐利亚自由州的奥格斯堡，是世界领先的工业机器人制造商之一。该公司生产的工业机器人可用于物料搬运、加工、堆垛、点焊和弧焊，涉及自动化、金属加工、食品和塑料加工等行业。

在物流运输中，工业机器人可在运输超重物体时起到重要作用，主要体现在负重及自由定位等功能上。在金属加工行业中，其主要应用于金属钻孔、铣削、切割、弯曲和冲压，也可用于焊接、装配、装载或卸载工序。在铸造和锻造业中，工业机器人可以直接安装在铸造机械上，因为它耐高温、耐脏。除此之外，在去毛刺、打磨及钻孔等加工过程中均可使用相关的工业机器人。

三、智能工业质检

（一）主要应用

智能工业质检系统可以逐一检测在制品及成品，准确判别金属、人工树脂等多种材质产品的各类缺陷，被广泛应用于生产制造的工业质检工作。

在引入 AI 质检之后，无论是质检时间，还是人力成本，都有所节省。AI 质检适用于众多业务场景，包括但不限于 LED 芯片检测、液晶屏幕检测、汽车零件检测等。当前的制造业产品外表检查主要有人工质检和机器视觉质检两种方式，其中人工质检占 90%，机器视觉质检只占 10%，且两者都面临许多挑战：人工质检成本高、误操作多、生产数据无法有效留存；机器视觉质检虽然不存在这些问题，但受传统特征工程技术的限制，其模型升级及本地化服务难度较大。

在一些显示屏智能质检中，显示屏表面的微小缺陷难以被察觉，人工观察难度大、成本高，并且显示屏涉及复杂的物理原理，缺陷成因难以依靠机理模型确定。人工智能的解决方案是在屏幕质检环节增加工业相机，以作为质检人员的辅助工具，以减轻质检人员的工作量，降低检测失误率。此外，在 AI 算法方面，还要对已有故障屏幕进行多角度拍照，以图像作为训练样本，对屏幕故障模式进行机器学习，通过机械臂机构和光学成像方案，实现对 3C 零部件外观多个表面的缺陷检测。

长期以来，在钢铁行业中，钢铁产品的内部缺陷，强度、硬度等内在质量只能依靠离线实验方法进行检测，在线检测方法所依赖的机理模型存在较大的偏差。运用人工智能算法，可以降低检测结果对机理模型的依赖度，提高检测的准确性。人工智能的解决方案是结合现场已有的工业仪表，增加超声或 X 射线检测设备，并通过信息技术实现检测数据的实时采集与处理。对产品取样后，还能进行材料学实验检测，并结合超声和射线成像数据，对有质量波动的数据进行标定。

（二）应用实例

百度的智能工业质检 IQI 系统基于 AI+视觉识别技术，实现了产品的缺陷识别和分类以及工业产品外观表面的细粒度质量检测，主要应用于电子产品、钢铁、能源、汽车等领域，可全面赋能工业质检和巡检场景。

IQI 系统支持“云端一体化”方式，云端支持深度学习模型训练闭环，同时通过边缘计算支持模型下发和数据回传，还可提供完整的一体化方案，帮助客户实现智能制造及产业升级，满足不同行业和不同客户的多层次需求。

该系统能基于自有数据进行模型训练，并可通过不断增加数据持续优化模型，提升模型性能。

四、智能工业安检

（一）主要应用

智能工业安检系统被广泛应用于厂区管理、安全生产、环境监控和仓库存储等场景。它以计算机视觉技术为核心，用机器视觉代替人力监管，能真正做到解放人力、24 小时无缝无死角监管，不仅大大节省了人力资源，而且使得安检处置手段更为高效化和多样化。

智能工业安检系统具有如下特点：在厂区管理中，可以借助人脸识别技术对员工进行人脸识别，进行人脸考勤与非员工或陌生人识别；在车辆管理方面，能够进行车牌识别、人车匹配、车辆停留监测等；在安全生产方面，通过视觉识别系统，能够监测员工的安全帽佩戴情况、工服着装情况等；在生产机械方面，可以进行操作距离监测、操作区闯入监测、机器运转状态监测等；在危险行为监测方面，可以识别吸烟、打斗等个人行为；在环境监测、安全监控方面，能够将高清摄像头拍摄的视频数据用作模型训练，识别烟火、油气泄漏等安全隐患。

在冶金行业的智能管网管理中，高炉煤气是高炉炼铁过程中的重要副产物，经管道回收后可输送至下游生产车间充当主要能源介质。然而在生产过程中，高炉产气波动不可预知，且下游用户用气节拍不协同，导致产气与用气不平衡。智能工业安检系统可实时监测管网压力及各设备产气和用气波动，可利用机器学习算法建立高炉煤气产生的预测模型，对未来煤气产生量进行预测，还可以结合预测数据和煤气管道压力监测数据，保障关键用气工序节拍稳定，对异常用气操作进行监测和预警。

在电力巡检领域，人们通常希望能够降低人力巡检成本，提高巡检效率。智能工业安检技术可以通过无人机、巡检机器人等智能装备，对电力设备运行状况、运行参数进行记录、存档，通过智能算法分析数据，提升巡检效率和安全隐患识别率。其难点及风险是巡检环境复杂多变，对巡检设备及 AI 技术要求较高。

（二）应用实例

百度大脑推出了“工厂安全生产监控解决方案”，其方案实现流程为：在厂区内布设摄像头来采集视频，通过前置计算设备或服务器集成的定制化 AI 识别模型进行分析，针对不同的摄像头，灵活分配监控的事件及使用的模型，实时将危险事件及各种统计结果反馈给工厂安全生产管理系统，实现生产管理联动。以安全着装规范识别为例，它能实时监测员工着装是否符合安全防护标准，如安全帽、静电帽、工作服、手套、口罩、绝缘靴的穿戴情况等。实施该方案，也能对作业区的危险行为进行监测，如实时监测作业区人员跌倒、人员违规闯入、车辆违规停留等行为。此外，实施该方案，还可进行生产机械安全监控：实时监测生产车间内各种生产设备、工作区的安全作业情况，如行吊的起吊高度、绞龙启动后防护区人员逗留情况等。

五、智能设备维护

人工智能在降低设备维护维修的工作量、提高维修响应能力、保证备件供给效率和质量等方面都可以发挥作用。借助人工智能，可以实现设备维护的智能化、可视化和服务化。

（一）主要应用

1.智能化

人工智能可以凭借故障描述，在历史维修经验中进行查询匹配，大幅降低故障判断错误率，有效提升故障处理效率，实现维修知识共享和精准技能培训。智能设备维护系统还能用于基于预测性维修的智能诊断辅助与远程维护支持。

预测性维修是指在故障早期发现设备的安全隐患和缺陷，进而采取干预措施的维修策略。例如，AR 智能眼镜可以通过传感器获取诊断数据，构建检测模型，通过云计算排患检查，生成远程诊断报告。

2.可视化

智能设备维护系统能够实现从报修到开机检验的全过程管理，形成作业动态管理，并生成一个综合的可视化看板系统。

3.服务化

服务化是指工业互联网条件下的维修模式变革。非制造整体的运维托管业务允许工业企业将能源（如水、电、冷气、热能）供给委托给第三方管理，以实现日常运作、维修维护、设备无人值守、虚拟巡检、预测诊断等方面的全方位管理。

总之，基于人工智能的设备维护正在智能化、可视化、服务化方面发挥着重要的作用。

（二）应用实例

美国电力公司基于 ABB 集团的 ABB Ability 平台进行智能设备维护。美国电力公司以往主要依靠现场诊断对设备运行数据进行分析，工作效率较低，时常面临高压设备带来的安全危险问题，且零部件的更换、维修主要依据产品手册、设备使用寿命来确定。通过合作，ABB 集团为美国电力公司的变压器、断路器和蓄电池分别加装了 8 600 个、11 500 个和 400 多个传感器，对设备进行智能化数据采集、诊断与分析，并形成有效的设备维护方案。

ABB Ability 平台结合 AI 算法，借助多功能智能仪表盘，运用可视化方法呈现变压器状态、故障概率，运用历史数据与知识库分析算法智能化地提供专家维修行动建议。凭借 ABB Ability 平台，美国电力公司可以实时监控其设备参数，实现设备预测性维护。其高压设备运行、维护风险降低了 15%，设备寿命延长了 3 年，维护成本降低了 2.7%，设备维护效率提高了 4%，有效降低了设备的维护成本。

第六节 智慧农业

智慧农业是数字中国建设的重要内容。加快发展智慧农业，推进农业、农村全方位、全过程的数字化、网络化、智能化改造，有利于促进生产要素优化配置，有利于推动农业农村发展变革，有利于实现我国乡村振兴战略和农业农村现代化发展。目前，智慧农业主要集中于智能化种植和智能化养殖两个领域。

一、智能化种植业

在种植业，人们可以通过人工智能、物联网、大数据等技术来提高种植活动的精度和效率。例如，利用图像识别、自动驾驶、深度学习等技术，可实现农作物的播种、施肥、灌溉、除草等农业活动的自动化和智能化。

（一）主要应用

1.数据采集及病虫害预测

摄像头、风速传感器、温湿度传感器等设备实时采集到的信息以及农作物的产量、质量等信息，都属于种植业的大数据。借助大数据和深度学习算法，可以训练出能够帮助农业生产管理决策的 AI 系统。例如，为了监控西红柿的生长过程，可以在温室中安装摄影机，通过算法辨别西红柿的病虫害情况、生长状态，并实时通报，这比人工巡查的效率要高很多。

2.种植、喷药、施肥

将传感器、GPS、机器视觉技术与农机结合，可增强农机的自动化水平，使农机在播种、喷药、收割等环节实现自动导航和精准定位。例如，无人机喷药10分钟能覆盖15亩（每亩约为667平方米）地，一天最多可喷225亩地，效率是人力的3～4倍，且节省耗药量。

3.农事规划、产量估算

深度学习技术可以通过遥感影像实现作物适宜种植区规划、作物长势监测、生长周期及产量估算等多种功能。例如，利用卫星图片分析关联区域降水、温度等天气数据，从而预算农作物的产量。

4.采摘、除草、嫁接

智能机器人依靠图像识别技术，能区分作物与杂草、成熟作物与未成熟作物，还能依靠自动驾驶技术，通过路线规划，完成作物的除草、采摘等具体活动。例如，摘草莓机器人可使用机器视觉算法判断草莓的成熟度，自主导航、检测和定位成熟的草莓，用3D打印的软触手摘果，其速度是人工采摘的二倍，还能保证不损坏果子，且可24小时持续工作。

5.土壤灌溉

人工神经网络具备机器学习能力，能够根据检测到的气候指数和当地的水文气象观测数据，选择最佳的灌溉策略，并通过对土壤湿度的实时监测，利用周期灌溉、自动灌溉等多种方式，提高灌溉精准度和水资源利用率。这样既能节约用水，又能保证农作物拥有良好的生长环境。

（二）应用实例

Blue River Technology农业机器人公司开发了农业智能机器人，它可以智能除草、灌溉、施肥和喷药，还可以利用计算机图像识别技术来获取农作物的生长状况，通过机器学习分析和判断哪些是杂草、哪些杂草需要清除、哪里需要灌溉、哪里需要施肥、哪里需要打药，并能够立即执行。农业智能机器人拥有精准的施肥和打药功能，可以大大减少农药和化肥的使用量。

二、智能化畜牧业

目前，智能化养殖的应用类型主要是通过图像识别、深度学习等技术，分析牲畜的健康状况，进行有效的疾病预测、科学投喂，提高畜禽的存活率及其产奶、产蛋、产肉效率。

（一）主要应用

1.牲畜识别和数据采集

畜禽健康状况是养殖业关注的焦点，以AI感知技术为切入点，对畜禽体征及行为进行监测、分析和预测，是农场实现精准养殖的可行选择。智能化的项圈、耳标、脚环等形式多样的动物可穿戴设备可实时采集畜禽体温、心率等体征数据和活动场地、运动量等行为数据，并将数据实时上传到畜禽大数据监管云平台，实现畜禽数据全天候、全流程记录和跟踪。

2.疾病预测和智能喂养

有了大量的原始数据，人们就可以利用深度学习方法，挖掘禽畜深层次的健康信息和行为模式，并将其转换为反映禽畜健康状态、繁殖预测、喂养需求相关的信息，实现对禽畜饲养、疫病防控、产品安全等全环节的精准质量管理。

智能化养殖系统可根据收集来的禽畜数据进行深度学习训练，依据大数据样本预测禽畜的疾病情况、发情状况，以及根据进食、运动、睡眠、位置等相关数据，及时预警疾病并匹配治疗方案。智能化养殖系统还可依据环境数据、禽畜发育数据、历史喂养信息等，合理制订喂养投料计划，为禽畜管理者提供科学的养殖方案。

（二）应用实例

内蒙古蒙牛乳业（集团）股份有限公司（以下简称“蒙牛”）的数字化养牛技术是智能化畜牧业的典型代表。在养殖方面，其全套的数字化监测系统涵盖从牛犊出生到长大再到产奶的全过程。在牧场中，蒙牛还采用计步器、AI视觉识别等智能设备和技术开展日常监控，所获得的数据会实时传递到阿里云的蒙牛私有云数据平台，进行实时计算，形成蒙牛的牧场数字化数据基础。

目前，蒙牛牧场的数据包括牛只数据、牛群数据、视觉数据、兽医数据、饲喂数据、传感器数据、繁育数据、环保数据、采购数据、政策数据、奶量数据、天气数据、趋势数据、检测数据、日志数据、监控数据等。通过智能算法对这些数据加以分析利用，便可实现更精准的奶牛养殖与销售预测、更高效的智能订单回复机制等。

第四章 大数据概述

第一节 大数据发展概况

当前，全球的大数据正进入加速发展时期，技术产业应用创新不断迈向新高度。大数据通过数字化丰富要素供给，通过网络化扩大组织边界，通过智能化提升产出效能，不仅是推进网络强国建设的重要领域，更是新时代加快实体经济质量变革、效率变革、动力变革的战略依托。

一、大数据产业蓬勃发展

近年来，我国大数据产业蓬勃发展，融合应用不断深化，数字经济质量提升，对经济社会的创新驱动、融合带动作用显著增强。这里将从政策环境、主管机构、产品水平、行业应用等方面，对我国大数据产业发展的态势进行简要分析。

（一）大数据产业发展政策环境日益完善

产业发展离不开政策支撑。我国政府高度重视大数据的发展，自 2014 年以来，我国国家大数据战略的谋篇布局经历了四个阶段：

（1）预热阶段：2014 年 3 月，“大数据”一词首次写入政府工作报告，为我国大数据的发展创造了有利的政策环境。从这一年起，“大数据”逐渐成为各级政府和社会各界的关注热点，中央政府开始提供积极的支持政策与适度宽松的发展环境，为大数据发展创造机遇。

（2）起步阶段：2015 年 8 月，国务院正式印发了《促进大数据发展行动纲要》，成为我国发展大数据的首部战略性指导文件，对包括大数据产业在内的大数据整体发展作出了部署，体现出国家层面对大数据发展的顶层设计和统筹布局。

（3）落地阶段：《中华人民共和国国民经济和社会发展第十三个五年规划纲要》的公布标志着国家大数据战略的正式提出，彰显了中央对大数据战略的重视。2016 年 12 月，工业和信息化部发布《大数据产业发展规划（2016—2020 年）》，为大数据产业发展奠定了重要的基础。

（4）深化阶段：随着国内大数据迎来全面向好的发展态势，国家大数据战略开始走向深化阶段。2017 年 10 月，党的十九大报告中提出推动大数据与实体经济深度融合，为大数据产业的未来发展指明方向。同年 12 月，中共中央政治局就实施国家大数据战略进行了集体学习。2019 年 3 月，政府工作报告第六次提到“大数据”，并且有多项任务与大数据密切相关。

自 2015 年国务院发布《促进大数据发展行动纲要》系统性部署大数据发展工作以来，我国各地陆续出台了促进大数据产业发展的规划、行动计划和指导意见等。可以说，我国各地推进大数据产业发展的设计已经基本完成，陆续进入了落实阶段。

梳理各地的典型大数据产业政策可以看出，大部分省（区、市）的大数据政策集中发布于 2016 年至 2017 年。在这些政策中，更多的地方将新一代信息技术作为考量，并加入了人工智能、数字经济等内容，进一步拓宽了大数据的外延。同时，各地在制定大数据政策时，除注重大数据产业的推进外，更多地关注产业数字化政务服务等方面，这也体现出近年来大数据与行业应用结合以及政务数据共享开放取得的进展。

（二）各地大数据主管机构陆续成立

近年来，各地陆续成立了大数据管理局等相关机构，对大数据产业发展进行统一管理。以省级大数据主管机构为例，从2014年广东省设立第一个省级大数据局开始，截至2019年5月，共有14个省级地方成立了专门的大数据主管机构。

除此之外，上海、天津、江西分别组建了上海市大数据中心、天津市大数据管理中心、江西省信息中心（江西省大数据中心），承担了一部分大数据主管机构的功能。部分省级以下的地方政府相继组建了专门的大数据管理机构。

（三）大数据技术产品水平持续提升

从产品的角度来看，目前，大数据技术产品主要包括大数据基础类技术产品（承担数据存储和基本处理功能，包括分布式批处理平台、分布式流处理平台、分布式数据库和数据集成工具等）、分析类技术产品（承担对数据的分析挖掘功能，包括数据挖掘工具、可视化工具等）和管理类技术产品（承担数据在集成、加工、流转过程中的管理功能，包括数据管理平台和数据流通平台等）等。

我国大数据基础类技术产品市场成熟度相对较高：

一是供应商逐渐增多，从最早只有几家大型互联网公司发展到目前的近六十家公司，覆盖了互联网、金融、电信、电力、铁路、石化、军工等不同行业。

二是产品功能日益完善，根据中国信息通信研究院的测试，分布式批处理平台、分布式流处理平台类的参评产品功能项通过率均在95%以上。

三是大规模部署能力有很大突破，如阿里云MaxCompute通过了10 000节点批处理平台基础能力测试，华为GuassDB通过了512台物理节点的分析型数据库基础能力测试。

四是自主研发意识不断提高，目前，有很多基础类产品源自对于开源产品进行的二次开发，特别是九成以上的分布式批处理平台、流处理平台等产品都是基于已有开源产品而开发的。

我国大数据分析类技术产品发展迅速，个性化与实用性趋势明显：

一是满足跨行业需求的通用数据分析工具类产品逐渐出现，如百度的机器学习平台 Jarvis、阿里云的机器学习平台 PAI 等。

二是随着深度学习技术的不断发展，数据挖掘平台从以往只支持传统机器学习算法转变为额外支持深度学习算法。

三是数据分析类产品易用性进一步提升，大部分产品都拥有直观的可视化界面及简洁便利的交互操作方式。

我国大数据管理类技术产品还处于市场形成的初期。目前，国内常见的大数据管理类软件有二十多款。数据管理类产品虽然涉及的内容庞杂，但技术实现难度相对较低，一些开源软件如 Kettle、Sqoop 和 Nifi 等，为数据集成工具提供了开发基础。

中国信息通信研究院测试结果显示，参照囊括功能全集的大数据管理软件评测标准，所有参评产品符合程度均在 90%以下。随着数据资产的重要性日益突出，数据管理类软件的地位将越来越重要，将机器学习、区块链等新技术与数据管理需求相结合，还有很大的发展空间。

（四）大数据行业应用不断深化

最初，大数据的应用主要在互联网、营销、广告等领域。近年来，无论是从新增企业数量、融资规模，还是从应用热度方面来说，与大数据结合紧密的行业逐渐转变为工业、政务、电信、交通、金融、医疗、教育等领域，应用逐渐向生产、物流、供应链等核心业务延伸，涌现了一批大数据典型应用，企业应用大数据的能力逐渐增强。电力、铁路、石化等实体经济领域龙头企业不断完善自身的大数据平台建设，持续加强数据治理，构建起以数据为核心驱动力的创新机制，行业应用“脱虚向实”趋势明显，大数据与实体经济深度融合不断加深。

在电信行业，电信运营商拥有丰富的数据资源，数据来源于移动通话和固定电话、无线上网、有线宽带接入等业务，也涵盖线上线下渠道在内的渠道经营相关信息，所服务的客户涉及个人客户、家庭客户和政企客户。

自 2019 年以来，三大电信运营商在大数据应用方面都走向了更加专业化的阶段。电信行业在发展大数据上有明显的优势，主要体现在数据规模大、数据应用价值持续凸显、数据安全性普遍较高方面。2019 年，三大电信运营商都已经完成了全集团大数据平台建设，设立了专业的大数据运营部门或公司，实施数据价值释放的新举措，通过对外提供领先的网络服务、稳定的数据平台架构和数据融合应用、高效可靠的云计算基础设施和云服务，打造数字生态体系，提高非电信业务的变现能力。

在金融行业，随着金融监管的日趋严格，通过金融大数据规范行业秩序并降低金融风险，逐渐成为金融大数据的主流应用场景。同时，由于信息化建设基础好、数据治理起步早，金融业成为数据治理发展较为成熟的行业。

在互联网营销方面，随着社交网络用户数量不断增加，利用社交大数据来做产品口碑分析、用户意见收集分析、品牌营销、市场推广等“数字营销”应用将是未来大数据应用的重点。电商数据可以直接反映用户的消费习惯，具有很高的应用价值。伴随着移动互联网流量见顶及广告主营销预算的下降，如何利用大数据技术帮助企业更高效地触达目标用户，成为行业的热门话题。“线下大数据”“新零售”的概念日渐火热，但其在个人信息保护方面存在一些漏洞，也使得合规性成为这一行业发展的核心问题。

在工业方面，工业大数据是生产链过程，是研发、设计、生产、销售、运输、售后等环节中产生的数据总和。随着工业大数据成熟度的提升，工业大数据的价值挖掘逐渐深入。目前，各工业企业已经开始进行面向数据全生命周期的数据资产管理，逐步提升工业大数据的成熟度，深入挖掘工业大数据的价值。

在能源行业，2019 年 3 月，国家电网有限公司大数据中心正式成立，该中心旨在打通数据壁垒，激活数据价值，发展数字经济，实现数据资产的统一运营，推进数据资源的高效使用。这是传统能源行业拥抱大数据应用的一次机制创新。

在医疗健康方面，医疗大数据成为2019年大数据应用的热点方向。2018年7月颁布的《国家健康医疗大数据标准、安全和服务管理办法（试行）》为健康行业大数据服务指明了方向，电子病历、个性化诊疗、医疗知识图谱、临床决策支持系统、药品器械研发等成为行业热点。

除以上行业外，教育、文化、旅游等各行各业的大数据应用也都在快速发展。我国大数据的行业应用更加广泛，正加速渗透到社会的方方面面。

二、数据资产化步伐稳步推进

在党的十九届四中全会上，中央提出“健全劳动、资本、土地、知识、技术、管理、数据等生产要素由市场评价贡献、按贡献决定报酬的机制”。这是中央首次在公开场合提出数据可作为生产要素按贡献参与分配，反映了随着经济活动数字化转型加快，数据对提高生产效率的乘数作用凸显。

（一）数据：从资源到资产

“数据资产”这一概念是由信息资源和数据资源的概念逐渐演变而来的，在21世纪初大数据技术兴起的背景下产生，并随着数据管理、数据应用和数字经济的发展而普及。信息资源是在20世纪70年代计算机科学快速发展的背景下产生的，信息被视为与人力资源、物质资源、财务资源和自然资源同等重要的资源，高效、经济地管理组织中的信息资源是非常必要的。数据资源的概念是在20世纪90年代伴随着政府和企业的数字化转型产生的，是有含义的数据集结到一定规模后形成的资源。

中国信息通信研究院将“数据资产”定义为“由企业拥有或者控制的，能够为企业带来未来经济利益的，以物理或电子的方式记录的数据资源，如文件资源、电子数据等”。这一概念强调了数据具有“预期给会计主体带来经济利益”的资产特征。

（二）数据资产管理理论体系仍在发展

数据管理的概念是伴随着20世纪80年代数据随机存储技术和数据库技术的使用而提出的，主要指在计算机系统中的数据可以被方便地存储和访问。经过多年的发展，数据管理理论形成了三种体系，分别由国际数据管理协会（DAMA）、国际商业机器公司（IBM）和国际数据治理研究所（DGI）提出。然而，这三种理论体系都是大数据时代之前的产物，其视角还是将数据作为信息来管理，更多的是为了满足监管要求和企业考核的目的，并没有从数据价值释放的维度来考虑。

在数据资产化背景下，数据资产管理是在数据管理基础上的进一步发展，可以视作数据管理的“升级版”。其主要区别在以下三个方面：

一是管理视角不同。数据管理主要关注的是如何解决问题数据带来的损失，而数据资产管理则关注如何利用数据资产给企业带来价值，需要基于数据资产的成本、收益来开展数据价值管理。

二是管理职能不同。传统数据管理的职能包含数据标准管理、数据质量管理、元数据管理、主数据管理、数据模型管理和数据安全管理等，而数据资产管理针对不同的应用场景和大数据平台建设情况，增加了数据价值管理和数据共享管理等职能。

三是组织架构不同。在“数据资源管理转向数据资产管理”的理念影响下，相应的组织架构和管理制度也有所变化，需要有更专业的管理队伍和更细致的管理制度，来确保数据资产管理的流程性、安全性和有效性。

（三）各行业积极实践数据资产管理

各行业实践数据资产管理普遍经历三个或四个阶段。

最初，行业数据资产管理主要是为了提高报表和经营分析的准确性，并通过建立数据仓库来实现。

随后，行业数据资产管理的目的是治理数据，管理对象由分析域延伸到生产域。随着大数据技术的发展，企业数据逐步汇总到大数据平台，形成了数据采集、计算、加工、分析等配套工具，建立了元数据管理、数据共享、数据安全保护等机制，并开展了数据创新应用。

而目前，许多行业的数据资产管理已经进入数据资产运营阶段，数据成为企业核心的生产要素，不仅能满足企业内部各项业务创新需求，而且逐渐成为服务企业外部的数据产品。企业积极开展数据管理能力成熟度模型（DCMM）等数据管理能力评估工作，不断提升数据资产管理能力。

金融、电信等行业普遍在 2000 年至 2010 年开始了数据仓库建设，并将数据治理范围逐步扩展到生产域，建立了比较完善的数据治理体系。2010 年以后，一些企业通过引入大数据平台实现了数据的汇聚，并逐渐向数据湖发展。内部的数据应用较为完善，不少企业逐渐探索数据对外运营和服务。

（四）数据资产管理工具百花齐放

数据资产管理工具是数据资产管理工作落地的重要手段。由于大数据技术应用中开源软件缺失，数据资产管理的技术发展没有可参考的模板，工具开发者多从数据资产管理实践与项目中设计工具架构，各企业数据资产管理需求的差异化使得数据资产管理工具的形态各异，因此数据资产管理工具市场呈现百花齐放的状态。数据资产管理工具可以是多个工具的集成，并以模块化的形式集中于数据管理平台。

元数据管理工具、数据标准管理工具、数据质量管理工具是数据资产管理工具的核心，数据价值工具是数据资产化的有力保障。中国信息通信研究院对数据管理平台的测试结果显示，数据管理平台对于元数据管理工具、数据标准管理工具和数据质量管理工具的覆盖率达到了 100%，这些工具通过追踪记录数据、稽核数据的关键活动，有效地管理了数据，提升了数据的可用性。与此同时，主数据管理工具和数据模型管理工具的覆盖率均低于20%，其中主数据管理多以解决方案的方式提供服务，而数据模型管理多在元数据管理中实现，或以独立工具在设计数据库或数据仓库阶段完成。超过80%的数据价值工具以直接提供数据源的方式进行数据服务，其他的数据服务方式包括数据源组合、数据可视化和数据算法模型等。超过90%的数据价值工具动态展示数据分布应用和存储计算情况，仅有不到10%的工具量化数据价值并提供数据增值方案。

未来，数据资产管理工具将向智能化和敏捷化方向发展，并以自助服务分析的方式深化数据价值。随着数据量的增加和数据应用场景的丰富，数据间的关系变得更加复杂，问题数据隐藏于数据湖中难以被发现。智能化地探索、梳理结构化数据、非结构化数据间的关系将节省大量人力，快速发现并处理问题数据将极大地提升数据的可用性。在数据交易市场尚未成熟的情况下，扩大数据使用者的范围，提升数据使用者挖掘数据价值的能力，将最大限度地开发和释放数据价值。

（五）数据资产化面临诸多挑战

目前，困扰数据资产化的关键问题包括数据确权困难、数据估值困难和数据交易市场尚未成熟。

1.数据确权困难

明确数据权属是数据资产化的前提，但目前在数据权利主体及权利分配上存在诸多争议。数据权不同于传统物权。物权的重要特征之一是对物的直接支配，但数据权在数据的全生命周期中有不同的支配主体，有的数据在产生之初由其提供者支配，有的在产生之初便被数据收集人支配（如微信聊天内容、电商消费数据、物流数据等），数据在处理阶段也会被各类数据主体支配。原始数据只是大数据产业的基础，其价值属性远低于以集合数据为代表的增值数据所产生的价值。

因此，法律专家倾向于将数据的权属分开，即不探讨整体数据权，而是从管理权、使用权、所有权等维度进行探讨。目前，由于数据尚没有在法律上被赋予资产的属性，所以数据所有权、使用权、管理权、交易权等权益没有被相关的法律充分认同和明确界定。数据尚未像商标、专利一样，有明确的权利申请途径、权利保护方式等，对于数据的法定权利，尚未有完整的法律保护体系。

2.数据估值困难

影响数据资产价值的因素主要有质量、应用和风险三个维度。质量是决定数据资产价值的基础，只有合理评估数据的质量水平，才能对数据的应用价值进行准确预测；应用是数据资产形成价值的方式，数据与应用场景结合才能贡献经济价值；风险则是指在法律和道德等方面存在的限制。

目前，常用的数据资产估值方法主要有成本法、收益法和市场法三类。成本法从资产的重置角度出发，重点考虑资产价值与重新获取或建立该资产所需成本之间的相关程度。收益法基于目标资产的预期应用场景，通过未来产生的经济效益的折现来反映数据资产在投入使用后的收益能力。根据衡量无形资产经济效益方法的不同，又可将收益法分为权利金节省法、多期超额收益法和增量收益法。市场法则在相同或相似资产的市场可比案例的交易价格的基础上，对差异因素进行调整，以此反映数据资产的市场价值。

评估数据资产的价值需要考虑多方面因素，数据的质量水平、不同的应用场景和特定的法律道德限制均对数据资产价值有所影响。虽然目前已有从不同角度出发的数据资产估值方法，但在实际应用中均存在很多问题，有适用性上的限制。构建成熟的数据资产评价体系，还需要以现有方法为基础框架，进一步探索在特定领域和具体案例中的适配方法。

3.数据交易市场尚未成熟

自2014年以来，我国出现了一批数据交易平台，各级地方政府成立了数据交易机构，包括贵阳大数据交易所、长江大数据交易所、上海数据交易所等。同时，互联网领军企业也在积极探索新的数据流通机制，提供了行业洞察、营销支持、舆情分析、引擎推荐、API（应用程序编程接口）数据市场等数据服务，并针对不同的行业提出了相应的解决方案。

但是，由于数据权属、数据估值的限制及数据交易政策、监管的缺失等，目前国内的数据交易市场尽管在数据服务方式上有所创新，但在发展上依然面临诸多困难，阻碍了数据资产化的进程。其主要体现在以下两点：

一是市场缺乏信任机制。目前，存在技术服务方、数据提供商、数据交易中介等可能会私下缓存并对外共享、交易数据，数据使用企业不按协议要求私自留存、复制甚至转卖数据等情况。各大数据交易平台并未形成统一的交易流程，甚至有些交易平台没有完整的数据交易规范，使得数据交易存在很大风险。

二是缺乏良性互动的数据交易生态体系。数据交易中涉及的采集、传输、汇聚活动日益频繁，与此同时，个人隐私、商业机密等一系列安全问题日益突出，亟须建立包括监管机构和社会组织等多方参与的、法律法规和技术标准多要素协同的、覆盖数据生产流通全过程和数据全生命周期管理的数据交易生态体系。

三、数据安全合规要求不断提升

（一）相关法律监管日趋严格规范

与全球不断收紧的数据合规政策相类似，我国在数据法律监管方面日趋严格、规范。当前，我国在大数据方面的立法以个人信息保护为核心，包含基本法律、司法解释、部门规章、行政法规等综合框架。在一些综合性法律中，也涉及了个人信息保护条款。但是，从法律法规体系方面来看，我国的数据安全法律法规仍不够完善，呈现出缺乏综合性统一法律、缺乏法律细节解释、保护与发展协调不够等问题。

（二）数据安全技术助力大数据合规要求落地

数据安全的概念来源于传统信息安全的概念。在传统信息安全中，数据是内涵，信息系统是载体，数据安全是整个信息安全的关注重点。信息安全的主要内容是通过安全技术，来保障数据的秘密性、完整性和可用性。从数据生命周期的角度区分，数据安全技术包括作用于数据采集阶段的敏感数据鉴别发现、数据分类分级标签、数据质量监控，作用于数据存储阶段的数据加密、数据备份容灾，作用于数据处理阶段的数据脱敏、安全多方计算、联邦学习，作用于数据删除阶段的数据全副本销毁，作用于整个数据生命周期的用户角色权限管理、数据传输校验与加密、数据活动监控审计。

当前，我国的数据安全法律法规重点关注个人信息的保护，大数据行业整体合规也必然以此为核心。在目前的数据安全技术中，不少技术手段瞄准了敏感数据在处理使用中的防护，如数据脱敏、安全多方计算、联邦学习等。

数据脱敏技术是实现数据匿名化处理的有效途径。应用静态脱敏技术，可以保证数据对外发布不涉及敏感信息，同时在开发、测试环境中保证敏感数据集在本身特性不变的情况下能够正常进行挖掘分析；应用动态脱敏技术，可以保证在数据服务接口实时返回数据请求的同时，杜绝敏感数据泄露风险。

安全多方计算和联邦学习等技术能够确保在协同计算中，任何一方实际数据在不被其他方获得的情况下完成计算任务并获得正确计算结果。应用这些技术，能够在有效保证敏感数据及个人隐私数据不存在泄露风险的同时，完成原本需要执行的数据分析、数据挖掘、机器学习等任务。

上述技术是当前最为主流的数据安全保护技术，也是最有利于大数据安全合规落地的数据安全保护技术。上述技术均存在多种技术实现方式，不同实现方式能达到对隐私数据的不同程度的保护，不同的应用场景对于隐私数据的保护程度和可用性也有不同的需求。作为助力实现大数据安全、合规落地的主要技术，在实际应用中，使用者应根据具体的应用场景选择合适的隐私保护技术及合适的实现方式，而众多的实现方式和产品化的功能点区别，导致技术使用者在具体选择时会遇到很大的困难，通过标准对相应隐私保护技术进行规范，可以有效地应对这种情况。

未来，伴随着大数据产业的不断发展，个人信息和数据安全相关法律法规将不断出台，在企业合规方面，应用标准化的数据安全技术是十分有效的合规落地手段。随着公众数据安全意识的提升和技术本身的不断进步、完善，数据安全技术将逐渐呈现出规范化、标准化的趋势。参照相关法律法规要求进行相关产品技术标准的制定，应用符合相应技术标准的数据安全技术产品，保证对于敏感数据和个人隐私数据的使用合法、合规，将成为未来大数据产业合规落地的一大趋势。

（三）数据安全标准规范体系不断完善

相对于法律法规和针对数据安全技术的标准，在大数据安全保护中，标准和规范发挥着不可替代的作用。《信息安全技术 个人信息安全规范》（GB/T 35273—2020）是个人信息保护领域重要的推荐性标准。该标准结合国际通用的个人信息和隐私保护理念，提出了权责一致、目的明确、选择同意、最少够用、公开透明、确保安全、主体参与七大原则，为企业完善内部个人信息保护制度及实践操作规则，提供了更为细致的指引。

除此之外，近年来，一系列聚焦数据安全的国家标准陆续发布，如《信息安全技术大数据服务安全能力要求》（GB/T 35274—2017）、《信息安全技术大数据安全管理指南》（GB/T 37973—2019）、《信息安全技术 数据安全能力成熟度模型》（GB/T 37988—2019）、《信息安全技术 数据交易服务安全要求》（GB/T 37932—2019）等，这些标准对维护我国数据安全，起到了重要的指导作用。

中国通信标准化协会大数据技术标准推进委员会（CCSA TC601）推出的“可信数据服务”系列规范将个人信息保护推广到企业数据综合合规上。标准针对数据供方和数据流通平台的不同角色身份，从管理流程和管理内容等方面，对企业数据合规提出了推荐性建议。规范列举了数据流通平台在提供数据流通服务时，在平台管理、流通参与主体管理、流通品管理、流通过程管理等方面的要求和建议，以及数据供方在提供数据产品时，在数据产品管理等方面，需满足和体现服务能力与服务质量的要求。

四、融合成为大数据技术发展的重要特征

当前，大数据体系的底层技术框架已基本成熟。大数据技术正逐步成为支撑型的基础设施，其发展方向开始向提升效率转变，向个性化的上层应用聚焦，技术的融合趋势越发明显。

（一）算力融合：多样性算力提升整体效率

随着大数据应用的逐步深入，其应用场景越发多样，数据平台开始承载人工智能、物联网、视频转码、复杂分析、高性能计算等任务负载。同时，数据复杂度不断提升，以高维矩阵运算为代表的新型计算范式具有粒度更细、并行更强、高内存占用、高带宽需求、低延迟、高实时性等特点，以 CPU 为底层硬件的传统大数据技术无法有效满足新业务的需求，出现性能瓶颈。

当前，以 CPU 为调度核心，协同 GPU（图形处理器）、FPGA（现场可编程门阵列）、ASIC（专用集成电路）及各类用于 AI 加速“xPU”的异构算力平台成为行业热点解决方案，以 GPU 为代表的计算加速单元能够极大提升新业务计算效率。不同硬件体系融合存在开发工具相互独立、编程语言及接口体系不同、软硬件协同缺失等工程问题，对此，产业界试图从统一软件开发平台和开发工具的层面，来实现对不同硬件底层的兼容。例如，英特尔公司正在设计支持跨多架构（包括 CPU、GPU、FPGA 和其他加速器）开发的编程模型 oneAPI，它提供一套统一的编程语言和开发工具集，来实现对多样性算力的调用，从根本上简化开发模式，针对异构计算形成一套全新的开放标准。

（二）流批融合：平衡计算性价比的最优解

流处理能够有效处理即时变化的信息，反映出信息热点的实时动态变化。而离线批处理则更能够体现历史数据的累加反馈。考虑到对于实时计算需求与计算资源之间的平衡，业界很早就有了运用 Lambda 架构来支撑批处理与流处理共同存在的计算场景。随着技术架构的演进，流批融合计算正在成为趋势，并不断向更实时、更高效的计算推进，以支撑更丰富的大数据处理需求。

流计算的产生来源于对数据加工时效性的严苛要求。由于数据的价值随时间流逝而降低，因此必须在数据产生后尽可能快地对其进行处理，如实时监控、风控预警等。早期，流计算开源框架的典型工具是 Storm，虽然它是逐条处理的典型流计算模式，但并不能满足“有且仅有一次”的处理机制。之后的 Heron 在 Storm 上做了很多改进，但相应的社区并不活跃。同期的 Spark 在流计算方面先后推出了 Spark Streaming 和 Structured Streaming，以微批处理的思想实现流计算。近年来出现的 Apache Flink，则使用了流处理的思想来实现批处理，很好地实现了流批融合计算，国内的包括阿里巴巴、腾讯、百度、字节跳动，国外的包括 Uber、Lyft、Netflix 等公司，都是 Flink 的使用者。

（三）TA 融合：混合事务/分析处理支撑即时决策

TA 融合是指事务（Transaction）与分析（Analysis）融合的机制。在数据驱动精细化运营的今天，海量实时的数据分析需求无法避免。分析与业务是强关联的，但由于这两类数据库在数据模型、行列存储模式和响应效率等方面有区别，因此会造成数据的重复存储。事务系统中的业务数据库只能通过定时任务同步导入分析系统，这就导致数据的时效性不足，无法使系统实时地作出决策分析。

混合事务/分析处理（HTAP）是高德纳公司提出的一个架构，它的设计理念是打破事务与分析之间的“墙”，实现在单一的数据源上不加区分地处理和分析任务。这种融合的架构具有明显的优势，可以避免频繁的数据搬运操作给系统带来的额外负担，降低数据的存储成本，及时、高效地对新产生的数据进行分析。

（四）模块融合：一站式数据能力复用平台

大数据工具和技术应用已经相对成熟，大公司在实战经验中围绕工具与数据的生产链条、数据的管理和应用等逐渐形成了能力集合，并通过这一概念来统一数据资产的视图和标准，提供通用数据的加工、管理和分析服务。

数据能力集成的趋势打破了原有企业内的复杂数据结构，使数据与业务更贴近，并能更快地使用数据驱动决策。其主要解决的问题有三个：一是提高数据获取的效率；二是打通数据共享的通道；三是提供统一的数据开发平台。这样的“企业级数据能力复用平台”是一个由多种工具和功能组合而成的数据应用引擎、数据价值化加工厂，能连接下层的数据和上层的数据应用团队，从而形成敏捷的数据驱动精细化运营模式。

（五）云数融合：云化趋势降低技术使用门槛

大数据基础设施向云上迁移是一个重要的趋势。各大云厂商均开始提供各类大数据产品，以满足用户需求，纷纷构建自己的云上数据产品。早期的云化产品大部分是对已有大数据产品的云化改造；现在，越来越多的大数据产品从设计之初就遵循了云原生的概念，生于云，长于云，更适合云上生态。

向云解决方案演进的最大优点是用户不用再操心如何维护底层的硬件和网络，能够更专注于数据和业务逻辑，在很大程度上降低了大数据技术的学习成本和使用门槛。

（六）数智融合：数据与智能多方位深度整合

大数据与人工智能的融合主要体现在大数据平台的智能化与数据管理的智能化。

智能的平台：用智能化的手段来分析数据是释放数据价值的高阶之路，但用户往往不希望在两个平台间不断地搬运数据，这推动了大数据平台与机器学习平台深度整合的趋势，大数据平台在支持机器学习算法之外，还将支持更多的 AI 类应用。例如，Databricks 公司为数据科学家提供一站式的分析平台 Data Science Workspace，Cloudera 公司也推出了相应的分析平台 Cloudera Data Science Workbench。2019 年底，阿里巴巴基于 Flink 开源了机器学习算法平台 Alink，并已在阿里巴巴搜索、推荐、广告等核心实时在线业务中广泛实践。

智能的数据治理：数据治理的输出就是人工智能的输入。AI 数据治理是指通过智能化的数据治理使数据变得智能，通过智能元数据感知和敏感数据自动识别，对数据自动分级分类，形成全局统一的数据视图，通过智能化的数据清洗和关联分析，把关数据质量，建立数据血缘关系。

五、大数据发展展望

未来，数据将对经济发展、社会生活和国家治理可能会产生根本性、全局性、革命性的影响。

在技术方面，我们仍然处在数据大爆发的初期，随着 5G、工业互联网的深入发展，更大的数据洪流将会出现，这将给大数据的存储、分析、管理带来更大的挑战，牵引大数据技术再上新的台阶。硬件与软件的融合、数据与智能的融合，将带动大数据技术向异构多模、超大容量、超低时延等方向拓展。

在应用方面，大数据行业应用正在从消费端向生产端延伸，从感知型应用向预测型、决策型应用发展。当前，互联网行业已经从“IT 时代”全面进入“DT 时代”。未来几年，随着各地政务大数据平台和大型企业数据中台的建成，政务、民生与实体经济领域的大数据应用将会再上新的台阶。

在治理方面，随着国家数据安全法律制度的不断完善，各行业的数据治理也将深入推进，数据采集、使用、共享等环节的乱象将得到遏制，数据的安全管理成为各行各业自觉遵守的底线，数据流通与应用的合规性将大幅提升，健康可持续的大数据发展环境将逐步形成。

然而，我国大数据发展同样面临着诸多问题。例如，大数据原创性的技术和产品尚不足；数据开放共享水平依然较低，跨部门、跨行业的数据流通仍不顺畅，有价值的公共信息资源和商业数据没有充分流动起来；数据安全管理仍然薄弱，个人信息保护面临新威胁。这就需要大数据从业者在大数据理论研究、技术研发、行业应用、安全保护等方面，付出更多的努力。

新的时代，新的机遇。我们看到，大数据与5G、人工智能、区块链等新一代信息技术的融合发展日益紧密，特别是区块链技术，一方面，区块链可以在一定程度上解决数据确权难、数据孤岛严重、数据垄断等“先天病”；另一方面，隐私计算技术等大数据技术反过来促进了区块链技术的完善。在新一代信息技术的共同作用下，我国的数字经济正向着更加可信、共享、均衡的方向发展，数据的“生产关系”正在进一步重塑。

第二节 大数据的定义、性质与生态环境

近年来，大数据这个词成了关注度极高和使用极频繁的热词。然而，与这种热度不太相称的是，大众只是跟随使用，对大数据究竟是什么并没有真正地了解。学术界对大数据的含义也莫衷一是，目前没有一个规范的定义。但还是有必要在这里对大数据做一个相对系统的比较和梳理，以便大众更好地把握大数据的内涵和本质。

一、大数据的定义

早在 1980 年，阿尔文·托夫勒（Alvin Toffler）在其《第三次浪潮》一书中就描绘过未来信息社会的前景，并强调了数据在信息社会中的作用。随着信息技术，特别是智能信息采集技术、互联网技术的迅速发展，各类数据都呈现爆发之势。计算机界因此提出了“海量数据”的概念，并突出了数据挖掘的概念和技术，以便从海量数据中挖掘出需要的数据。数据挖掘成了一种专门的技术和学科，为大数据的提出和发展做好了技术上的准备。

2008 年 9 月，《自然》杂志推出了“大数据”特刊，并在封面中特别突出了“大数据专题”。

从 2009 年开始，在互联网领域，“大数据”已经成了一个热门的词汇。不过，这个时候的“大数据”与现在的“大数据”，虽然名字相同，但其内涵和本质有着巨大的差别。

2011 年 6 月，美国麦肯锡咨询公司发表了一份《大数据：下一个创新、竞争和生产力的前沿》的研究报告。在这份报告中，麦肯锡咨询公司不但重新提出了大数据的概念，而且全面阐述了大数据在未来经济、社会发展中的重要意义，并宣告大数据时代的来临。由此，大数据一词很快走出学术界而成为社会中的热门词汇。

在 2012 年的美国大选中，奥巴马团队成功运用大数据技术战胜对手，并且将发展大数据上升为国家战略，以政府之名发布了《大数据研究与发展计划》，让专业的大数据概念变成家喻户晓的词汇。

美国的 Google、Facebook、Amazon，中国的百度、腾讯和阿里巴巴等更是让大众知晓了大数据所蕴藏的巨大商机和财富。

2012 年 2 月，《纽约时报》发表了头版文章，宣布大数据时代已经降临。

2012 年 6 月，联合国专门发布了大数据发展战略，这是联合国第一次就某一技术问题发布报告。

舍恩伯格的《大数据时代》一书对大数据技术及其对工作、生活和思维方式的影响进行了全面普及，因此大数据及其思维模式在全世界得到迅速传播。

从国内来说，的《大数据：正在到来的数据革命》一书让国人及时了解到正在兴起的大数据热，让我们与国际保持了同步。

大数据究竟是什么意思呢？从字面来说，所谓大数据，就是指规模特别大的数据集合，因此从本质上来说，它仍然属于数据库或数据集合，不过是规模特别大而已。因此，麦肯锡咨询公司在报告中将大数据定义为："大小超出常规的数据库工具获取、存储、管理和分析能力的数据集。"

美国权威研究机构高德纳公司对大数据作出了这样的定义："大数据是需要新处理模式才能具备更强的决策力、洞察发现力和流程优化能力的海量、高增长率和多样化的信息资源。"

舍恩伯格则在其《大数据时代》一书中指出："大数据并非一个确切的概念。最初，这个概念是指需要处理的信息量过大，已经超出了一般计算机在数据处理时所能使用的内存量，因此工程师们必须改进处理数据的工具。""大数据是人们获得新认知、创造新的价值的源泉；大数据还是改变市场、组织机构，以及政府与公民关系的方法。"

约翰威立国际出版集团出版的《大数据傻瓜书》对大数据概念是这样解释的："大数据并不是一项单独的技术，而是新、旧技术的一种组合，它能够帮助公司获取更可行的洞察力。因此，大数据具有管理巨大规模独立数据的能力，以便以合适速度、在合适的时间范围内完成实时分析和响应。"

大数据技术引入国内之后，我国学者对大数据的理解也五花八门，与国外学者的理解比较类似，最早介入并对大数据进行了比较深入研究的中国工程院三位院士的观点都具有一定的代表性和权威性：

邬贺铨认为，大数据泛指巨量的数据集，因可从中挖掘出有价值的信息而受到重视。李德毅则说，大数据本身既不是科学，又不是技术，它反映的是网络时代的一种客观存在，各行各业的大数据规模从 TB 到 PB 到 EB 到 ZB，都是以三个数量级的阶梯迅速增长，是用传统工具难以管理的，具有更大挑战的数据。李国杰院士则引用维基百科的定义，即大数据是指无法在一定时间内用常规软件工具对其内容进行抓取、管理和处理的数据集合。他认为大数据具有数据量大、种类多和速度快等特点，涉及互联网、经济、生物、医学、天文、气象、物理等众多领域。

我国最早介入大数据普及的学者涂子沛在其《大数据：正在到来的数据革命》中将大数据定义为："大数据是指那些大小已经超出了传统意义上的尺度，一般的软件工具难以捕捉、存储、管理和分析的数据。"由于涂子沛的著作发行量比较大，因此他对大数据的这个界定具有一定的影响力。

从国内外学者对大数据的界定来看，虽然目前没有统一的定义，但基本上都是从数据规模、处理工具、利用价值三个方面来进行界定的：

一是大数据属于数据的集合，其规模特别大。

二是一般数据工具难以处理，因而必须引入数据挖掘技术。

三是大数据具有较大的经济、社会价值。

二、大数据的性质

从大数据的定义可以看出，大数据具有规模大、种类多、速度快、价值密度低和真实性差等特点，在数据增长、分布和处理等方面具有更多复杂的性质，如下所述：

（一）非结构性

结构化数据是可以在结构数据库中存储与管理，并可用二维表结构来表达的数据。这类数据是先定义结构，然后才有数据。结构化数据在大数据中所占的比例较小，为 15%左右，现已应用广泛，当前的数据库系统以关系数据库系统为主导，如银行财务系统、股票与证券系统、信用卡系统等。

非结构化数据是指在获得数据之前无法预知其结构的数据，目前所获得的数据85%是非结构化数据，而不再是纯粹的结构化数据。传统的系统无法完成对这些数据的处理，从应用的角度来看，非结构化数据的计算是计算机科学的前沿。大数据的高度异构性也导致抽取语义信息的困难。如何将数据组织成合理的结构，是大数据管理中的一个重要问题。大量出现的各种数据本身是非结构化的或半结构化的数据，如图片、照片、日志和视频数据等是非结构化数据，而网页等是半结构化数据。大数据大量存在于社交网络、互联网和电子商务等领域。另外，也许有90%的数据来自开源数据，其余的被存储在数据库中。大数据的不确定性表现在高维、多变和强随机性等方面。股票交易数据流是不确定性大数据的一个典型例子。

大数据产生了大量研究问题。非结构化和半结构化数据的个体表现、一般性特征和基本原理尚不清晰，这些需要通过经济学、社会学、计算机科学和管理科学等多学科交叉研究。对于半结构化或非结构化数据，如图像，需要研究如何将它转化成多维数据表、面向对象的数据模型或者直接基于图像的数据模型。还应说明的是，大数据的每一种表现形式都仅呈现数据本身的一个侧面，并非其全貌。

由于现存的计算机科学与技术架构和路线已经无法高效处理如此多的数据，因此如何将数据组织成合理的结构也是大数据管理中的一个重要问题。

（二）不完备性

数据的不完备性是指在大数据条件下所获取的数据常常包含一些不完整的信息和错误，即脏数据。在数据分析之前，需要对数据进行抽取、清洗、集成，才能得到高质量的数据，之后再进行挖掘和分析。

（三）时效性

数据规模越大，对其进行分析、处理的时间就会越长，如何快速处理大数据显得尤为重要。如果专门设计一个处理固定大小数据量的数据系统，则其处理速度可能会非常快，但并不能适应大数据的要求。因为在许多情况下，用户要求立即得到数据的分析结果，需要在处理速度与规模间折中考虑，并寻求新的方法。

三、大数据的生态环境

大数据是人类活动的产物，它来自人们改造客观世界的过程。信息爆炸是对信息快速发展的一种形象描述，形容信息发展的速度如同爆炸一般席卷整个空间。

在 20 世纪四五十年代，信息爆炸主要指的是科学文献的快速增长。

到 20 世纪 90 年代，由于计算机和通信技术的广泛应用，信息爆炸主要指的是所有社会信息快速增长，包括正式交流过程和非正式交流过程所产生的电子式的和非电子式的信息。

而到 21 世纪后，信息爆炸更多来自数据洪流的产生和发展。

在技术方面，新型的硬件与数据中心、分布式计算、云计算、高性能计算、大容量数据存储与处理技术、社会化网络、移动终端设备、多样化的数据采集方式使大数据的产生和记录成为可能。

在用户方面，日益人性化的用户界面、信息行为模式等都容易作为数据而被量化和记录，用户既可以成为数据的制造者，又可以成为数据的使用者。

可以看出，随着云计算、物联网计算和移动计算的发展，世界上所产生的新数据，包括位置、状态、思考、过程和行动等数据，都能够汇入数据洪流。互联网的广泛应用，尤其是“互联网+”的出现，促进了数据洪流的发展。

归纳起来，大数据主要来自互联网世界与物理世界。

（一）互联网世界

大数据是计算机与互联网相结合的产物，计算机实现了数据的数字化，互联网实现了数据的网络化，二者结合起来之后，赋予了大数据强大的生命力。随着互联网无处不在地渗透到人们的工作和生活中以及移动互联网、物联网、可穿戴设备的普及，新的数据正在以指数级加速产生，目前，世界上90%的数据是互联网出现之后迅速产生的。来自互联网的网络大数据是指“人、机、物”三元世界在网络空间中交互、融合所产生并可在互联网上获得的大数据。

大数据来自人类社会，尤其是互联网的发展为数据的存储、传输与应用创造了条件。依据基于六度分隔理论建立的社交网络服务，以认识朋友的朋友为基础，以此扩展自己的人脉。基于Web2.0交互网站建立的社交网络，用户既是网站信息的使用者，又是网站信息的创造者。社交网站记录人们之间的交互，搜索引擎、记录人们的搜索行为和搜索结果，电子商务网站记录人们购买商品的喜好，微博记录人们所产生的即时想法和意见，图片视频分享网站记录人们的视觉观察，百科全书网站记录人们对抽象概念的认识，幻灯片分享网站记录人们的各种正式和非正式的演讲发言，机构知识库和期刊网站记录学术研究成果。归纳起来，来自互联网的数据可以划分为以下几种类型：

1.视频图像

视频图像是大数据的主要来源之一。电影、电视节目可以产生大量的视频图像，各种室内外的摄像头昼夜不停地产生大量的视频图像，视频图像以每秒几十帧的速度连续记录运动着的物体，一个小时的标准、清晰的视频经过压缩后，所需的存储空间为GB数量级，高清晰度视频所需的存储空间就更大了。

2.图片

图片是大数据的主要来源之一。据统计，全球用户共向国外某社交网站上传了1 400亿张图片，如果拍摄者为了保存拍摄时的原始文件，平均每张图片大小为 1 MB，则这些图片的总数据量约为 140 PB，如果单台服务器磁盘的容量为 10 TB，则存储这些图片需要 14 000 台服务器，而且这些上传的图片仅仅是人们拍摄到的图片的很少一部分。此外，许多遥感系统 24 小时不停地拍摄并产生大量照片。

3.音频

DVD（Digital Versatile Disc，数字通用光盘）采用了双声道 16 位采样，采样频率为 44.1 kHz，可达到多媒体欣赏水平。如果某音乐剧的时间为 5.5 min，其占用的存储容量为：

$$
\begin{aligned}
\text{存储容量} &= （\text{采样频率}\times\text{采样位数}\times\text{声道数}\times\text{时间}）/8 \\
&= （44.1\times1\,000\times16\times2\times5.5\times60）/8 \\
&\approx 55.5\ \text{MB}
\end{aligned}
$$

4.日志

网络设备、系统及服务程序等在运作时都会产生 log 的事件记录。每一行日志都记载着日期、时间、使用者及动作等相关描述。Windows 网络操作系统设有各种各样的日志文件，如应用程序日志、安全日志、系统日志、Scheduler（调度器）服务日志、FTP（文件传输协议）日志、WWW（万维网）日志、DNS（域名系统）服务器日志等，这些日志文件根据系统开启服务的不同而有所不同。用户在系统上进行一些操作时，这些日志文件通常记录了用户操作的一些内容，这些内容对系统安全工作人员相当有用。例如，有人对系统进行了 IPC（进程间通信）探测，系统就会在安全日志里迅速地记下探测者探测时所用的 IP、时间、用户名等，用 FTP 探测后，就会在 FTP 日志中记下 IP、时间、用户名等。

网站日志记录了用户对网站的访问信息，电信日志记录了用户拨打和接听电话的信息，假设有 5 亿用户，每个用户每天呼入、呼出 10 次，每条日志占用 400 B，并且需要保存 5 年，则数据总量约为 3.65 PB。

5.网页

网页是构成网站的基本元素，是承载各种网站应用的平台。通俗地说，网站是由网页组成的，如果只有域名和虚拟主机而没有制作任何网页，则客户依然无法访问网站。网页要通过网页浏览器来阅读，文字与图片是构成网页的两个最基本的元素。可以简单地理解为：文字就是网页的内容，图片就是网页的美观描述。除此之外，网页的元素还包括动画、音乐、程序等。

网页分为静态网页和动态网页。静态网页的内容是预先确定的，并存储在Web服务器或者本地计算机、服务器上；动态网页取决于用户提供的参数，并根据存储在数据库中的网站上的数据而创建。通俗地讲，静态网页是照片，每个人看都是一样的，动态网页则是镜子，不同的人看都不相同。

网页中的主要元素有感知信息、互动媒体和内部信息等。感知信息主要包括文本、图像、动画、声音、视频、表格、导航栏、交互式表单等。互动媒体主要包括交互式文本、互动插图、按钮、超链接等。内部信息主要包括注释、通过超链接链接到某文件、元数据与语义的元信息、字符集信息、文件类型描述、样式信息和脚本等。

网页内容丰富，数据量巨大，如果每个网页有25 KB数据，则一万亿个网页的数据总量约为25 PB。

（二）物理世界

来自物理世界的大数据，又被称为科学大数据。最早提出大数据概念的学科是天文学和基因学，这两个学科从诞生之日起就依赖基于海量数据的分析方法。由于科学实验是由科技人员设计的，数据采集和数据处理也是事先设计的，因而无论是检索，还是模式识别，都有科学规律可循，例如希格斯粒子的寻找，采用了大型强子对撞机实验。这是一个典型的基于大数据的科学实验，至少要在1万亿个事例中才可能找出一个希格斯粒子。从这一实验可以看出，科学实验的大数据处理是整个实验的一个预定步骤，这是一个有规律的设计，发现有价值的信息在预料之中。随着科研人员获取数据方法与手段的变化，大型强子对撞机每秒生成的数据量约为 1 PB，波音发动机上的传感器每小时产生 20 TB 左右的数据量。

科研活动产生的数据量激增，科学研究已成为数据密集型活动。科研数据因其数据规模大、类型复杂多样、分析处理方法复杂等特征，已成为大数据的一个典型代表。大数据所带来的新的科学研究方法反映了未来科学的行为研究方式，数据密集型科学研究将成为科学研究的普遍范式。

利用互联网可以将所有的科学大数据与文献联系在一起，创建一个文献与数据能够交互操作的系统，即在线科学数据系统。对于在线科学数据，由于各个领域互相交叉，因而不可避免地需要使用其他领域的数据。利用互联网能够将文献与数据集成在一起，可以实现从文献计算到数据的整合。这样可以提高科技信息的检索速度，进而大幅度地提高生产力。也就是说，在线阅读某人的论文时，可以查看他的原始数据，甚至可以重新分析，也可以在查看某些数据时查看所有关于这一数据的文献。

第三节 大数据的特征及其处理

一、大数据的 4V 特征

从大数据的概念中很难把握大数据的属性和本质，因此国内外学者都在大数据概念的基础上继续深入探讨大数据的基本特征，其中最有代表性的是大数据的 3V 特征或 4V 特征（目前还有 5V 特征、7V 特征、11V 特征等说法，本书就 3V 或 4V 特征进行阐述）。

所谓大数据的3V或4V特征，是指大数据所具有的三个或四个以英文字母V开头的基本特征。所谓3V，是指Volume（规模巨大）、Variety（多样性）、Velocity（快捷高效），这三个特征是比较公认的，基本上没有争议。而4V是在3V的基础上再加上一个V，而这个V究竟是什么，目前有比较大的争议。有人将Value（价值）作为第四个V，也有人将Veracity（客观真实）当作第四个V。笔者曾经将Value当作第四个V，但现在则认为Veracity似乎更能代表大数据的第四个基本特征。本书中所指的大数据4V特征如图4-1所示。

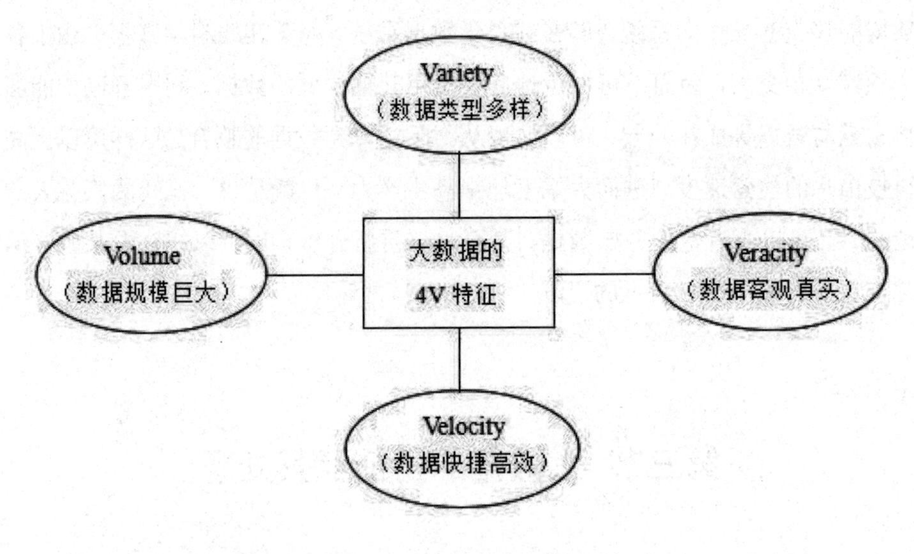

图4-1　大数据的4V特征

（一）数据规模巨大（Volume）

大数据给人印象最深的是其数据规模巨大，也被称为海量，因此在大数据的所有定义中，必然会涉及大数据的数据规模。这就是大数据的第一个基本特征，即数据规模巨大。

大数据的规模究竟有多大呢？虽然没有一个确切的统计数字，但我们可以举例描述其规模。现在，一天内在推特上发表的信息高达 2 亿条、7 TB 的容量、50 亿个单词量，这相当于《纽约时报》出版 60 年的单词量。

随着大数据时代的来临，各种数据呈爆炸性增长态势。从人均每月互联网流量的变化就可窥见一斑。1998 年，网民人均月流量才 1 MB，到 2000 年达到 10 MB，到 2008 年达到 1 000 MB，到 2014 年达到 10 000 MB。

在芯片发展方面，有一个著名的摩尔定律，即每 18 个月芯片体积要减小一半、价格降一半，而其性能却要翻一倍。在数据的增长速度上，有人也引用摩尔定律，认为大概 18 个月或 2 年，世界的数据量就要翻一番。2000 年，全世界的数据存储总量约为 800 000 PB，而到 2020 年，世界的数据存储量已达到 35 ZB。

（二）数据类型多样（Variety）

在大数据时代，数据的性质发生了重大变化。数据的原意是指“数+据”，即由表示大小、多少的数字加上表示事物性质的属性，即所说的计量单位。狭义的数据指的是用某种测量工具对某个事物进行测量的结果，而且一定是以数字和测量单位联合表征的。但在大数据时代，数据的含义和属性发生了重大变化，数据的范围几乎无所不及，除了传统的“数+据”外，似乎能被 0 和 1 符号表述、能被计算机处理的都是数据。也可以说，大数据时代就是信息时代的延续与深入，是信息时代的新阶段。在大数据时代，数据与信息基本上是同义词，任何信息都可以用数据表述，任何数据都是信息。这样，数据的范围得到了巨大扩展，即从狭义的数字扩展到广义的信息。

传统的数据属于具有结构的关系型数据，也就是说，数据之间具有某种相关关系，数据之间形成某种结构，因此被称为结构型数据。例如，我们的身份证都是按照 18 位的结构模式进行采集和填写数据的、手机号码都是 11 位的数据结构，而人口普查、工业普查或社会调查等数据采集都是事先设计好固定项目的调查表格，按照固定结构填写，否则将因无法作出数据处理而被归入无效数据。

在大数据时代，除了这种具有固定结构的关系数据外，更多的是半结构和无结构数据。所谓半结构数据，就是指有些数据有固定结构，有些数据没有固定结构；无结构数据则是指没有任何固定结构的数据。结构数据是有限的，半结构和无结构数据却是无限的。例如，文档资料、网络日志、音频、视频、图片、地理位置、社交网络数据、网络搜索点击记录、各种购物记录等都被纳入数据的范围，因而大数据具有数据类型多样的特征。

（三）数据快捷高效（Velocity）

大数据的第三个特征是数据的快捷性，指的是数据采集、存储、处理和传输速度快、时效高。小数据时代的数据主要依靠人工采集，如天文观测数据、科学实验数据、抽样调查数据，以及日常测量数据等。这些数据因为依靠人工测量，所以其测量速度、频次和数据量都受到一定的限制。此外，这些数据处理起来往往费时费力，如人口普查数据，因为涉及面广，数据量大，每个国家往往只能十年做一次人口普查，并且每次人口普查要经过诸多部门和人员多年的统计、处理才能得到所需的数据。在人口普查数据公布之时，人口情况可能已发生了巨大变化。

在大数据时代，数据的采集、存储、处理和传输等环节都实现了智能化、网络化。由于智能芯片的广泛应用，数据采集实现了智能化和自动化，数据的来源从人工采集走向了自动生成，例如上网自动产生的各种浏览记录，社交软件产生的各种聊天、视频等记录，摄像头自动记录的各种影像，商品交易平台产生的交易记录，天文望远镜的自动观测记录等。

由于数据采集设备的智能化和自动化，自然界和人类社会的各种现象、行为被全程记录下来，因此形成了“全数据模式”，这也是大数据形成的重要原因。如今，所有数据都从原来的静态数据变为动态数据、从离线数据变为在线数据，通过快速的数据采集、传输和计算，系统可以作出快速反馈和及时响应。

（四）数据客观真实（Veracity）

大数据的第四个特征是数据的客观真实。数据是事物及其状态的记录，但这种记录的真实性有待验证。小数据时代的数据都是依靠人工观察、实验或调查而得来的，人们在进行观察、实验或问卷调查时，首先要明确采集数据的目的，然后根据目的选择观察、实验手段，或者设计问卷及选择调查的对象，这些环节都渗透着人的主观意志。也就是说，在小数据时代，先有目的，后有数据，因此这些数据难免被数据采集者污染，很难保持客观真实性。

但在大数据时代，人只是智能设备的设计者和制造者，并没有参与到数据的采集过程中，所有的数据都是由智能终端自动采集、记录下来的。在这些数据被采集、记录时，人们并不知道这些数据的用途。采集、记录数据只是智能终端的一种基本功能，数据是被顺便采集、记录下来的，并没有什么目的。在大数据时代，先有数据，后有目的。这样，由于数据采集、记录过程没有人的参与，这些数据就没有被主体污染，也就是说，大数据中的原始数据并没有被观察渗透，因此确保了其客观真实性。

二、大数据的采集方法

（一）系统日志采集方法

对于系统日志采集，很多互联网企业都有自己的海量数据采集工具，如 Cloudera 的 Flume、Facebook 的 Scribe 等，它们均采用分布式架构，能满足每秒数百兆日志数据的采集和传输需求。

（二）网络数据采集方法

网络数据采集可以将非结构化数据从网页中抽取出来，将其存储为统一的本地数据文件，并以结构化的方式存储，可以通过网络爬虫或网站公开 API

等方式，从网站获取数据信息。它支持图片、音频、视频等文件或附件的采集，并且附件与正文可以自动关联。对于网络流量的采集，可以使用 DPI（深度包检测）或 DFI（深度流检测）等带宽管理技术进行处理。

（三）其他数据采集方法

对于企业生产经营数据或学科研究数据等保密性要求较高的数据，可以通过与企业或研究机构合作，使用特定系统接口等方式采集数据。

三、大数据存储（导入）和管理

（一）并行数据库

并行数据库系统大部分采用了关系数据模型并且支持 SQL（结构化查询语言数据库）语句查询，是在无共享的体系结构中进行数据操作的数据库系统。

（二）NoSQL 数据管理系统

NoSQL 即对关系型 SQL 数据系统的补充。NoSQL 最普遍的解释是“非关系型的”，突出键值存储和文档数据库的优点，而不是单纯地反对关系型数据库。它采用简单数据模型、元数据和应用数据的分离、弱一致性技术，以更好地应对海量数据的挑战。

（三）云存储与云计算

在云计算概念上延伸和发展出来的云存储是一种新兴的网络存储技术，其将网络中大量不同类型的存储设备通过应用软件集合起来，共同对外提供数据存储和业务访问功能。云存储是一个以数据存储和管理为核心的云计算系统。

（四）实时流处理

所谓实时系统，是指能在严格的时间限制内响应请求的系统。流式处理就是指源源不断的数据流过系统时，系统能够不停地连续计算。所以，流式处理没有严格的时间限制，数据从进入系统到出来结果需要一段时间。然而，流式处理唯一的限制是，长期来看，系统的输出速率应当快于或至少等于输入速率，否则，数据会在系统中越积越多。

四、大数据网络中数据的分类

大数据时代的到来，给人类的生活带来许多便利，涉及各个行业领域。由于数据量庞大，人们在处理数据时，难以把握数据的完整性，因此对数据进行分类非常重要，可以此来提高数据质量和数据管理效率。

（一）数据分类的概念及原则

数据分类是指将某种具有共性或相似属性的数据归在一起，根据数据特有属性或特征进行检索，方便数据查询与索引。常见的数据类型有连续型数据和离散型数据，时间序列数据和截面数据，定序数据、定类数据和定比数据等。数据分类应用较多的学科是逻辑学、统计学等。

数据分类遵循以下几条原则：

一是稳定性，根据分类的目的，选择分类对象最稳定的特性作为分类的基础和依据，以此保证产生的分类结果最稳定。

二是系统性，数据分类的标准必须清晰、有条理。

三是可兼容性，数据分类的目的是存储更多数据，在数据量增加时，要保证数据可以共存。

四是扩充性，数据可根据分类标准随时扩充。

五是实用性，就是对数据进行更好的管理和使用，方便索引和获取数据。

（二）传统数据分类存在的问题

21世纪是大数据时代，大数据网络衍生大量数据，对数据进行分类尤为重要。传统数据分类只是通过计算机根据现有分类标准进行粗略划分，会给后期数据索引工作带来较大麻烦。常见的数据分类方法会造成数据冗余度过高问题，在数据处理和使用过程中，索引属性或特征发生变化，会使最初的数据分类标准变得不明确，对数据管理造成困扰。

1.分类数据冗余度过高

数据冗余是指数据重复，即一条数据信息可以在多个文件中查询。如果数据冗余度适当，可以确保数据安全，防止数据丢失；如果数据冗余度过高，则会导致在数据索引过程中数据查询的准确性降低。很多人为简化操作流程将同一数据在不同地方存放，为了数据完整性进行多次存储和备份，这些操作会在无形中提高数据冗余度。传统数据分类处理出于数据丢失的顾虑，对数据进行多次备份，没有认识到增加数据独立性、降低数据冗余度可以保证数据资源的质量和使用效率。

2.数据分类标准不明确

数据分类是为了对数据进行更好的管理和使用，人们进行数据分类是希望降低数据冗余度，但传统数据分类并没有确定明确的分类标准，导致人们对数据进行盲目分类，给后期索引带来不便，无法实现数据的有效提取。

（三）大数据网络中数据分类优化路径

1.降低数据冗余度

增加数据独立性和降低数据冗余度是计算机数据分类的目标之一。大数据通过改变分类算法，对数据冗余现象进行处理分析，在数据分类优化过程中，利用局部特征分析方法，对冗余数据中的关键信息作二次提取并进行相应标记，更换第一次数据识别属性或特征，并将更换过的数据属性作为冗余度数据识别标准，实现冗余度数据的二次分类优化识别。

2.制定清晰的数据分类标准

大数据网络中的数据有多个类别，对数据进行分类优化识别必须具有明确清晰的标准，这是传统计算机网络不能做到的。以大数据为研究对象，根据特定标准进行数据分类，提取大数据中的关键属性和特征作为分类标准，在后期数据整理归类时按照相应的分类标准进行归档处理，可以实现数据的高效管理和使用。

研究表明，在 Matlab 的仿真模拟环境中，利用虚拟技术对数据分类优化识别过程进行模拟，根据仿真图像，可得出大数据网络下数据分类处理呈现时域波形，表明数据分类处理结果较为准确。此外，还可以通过向量量化方法，对大数据信息流中的关键数据进行获取和处理，这一数据分类方法优化识别的结果也较为理想。

第四节 大数据产业协同创新

自 2015 年国家出台《促进大数据发展行动纲要》至今，我国涉及大数据发展的国家政策已超 60 项，参与发布政策的部门包括国务院、国家发改委、生态环境部、交通运输部，以及工业和信息化部等。自 2014 年以来，大数据已连续多年被写进政府工作报告，更在“十三五”规划纲要中被提升为国家战略。习近平总书记在党的十九大报告中明确指出，要推动互联网、大数据、人工智能和实体经济深度融合。这不仅为破解“数据孤岛”提供了思路，而且为大数据产业的发展指明了方向。2016 年，国家信息中心、中国科学院计算技术研究所、浙江大学软件学院、清华大学公共管理学院、财经网等 60 余家单位共同成立了“中国大数据产业应用协同创新联盟”；2017 年，教育部规划建设发展中心、曙光信息产业股份有限公司和国内数十所高校共同发布了大数据行业应用协同创新规划方案。由此可见，政府、科研院所、高校及企业均高度重视大数据产业的发展。

一、国内外研究现状

1980 年，阿尔文·托夫勒在《第三次浪潮》一书中提出大数据的概念。随后，关于大数据的研究热潮席卷全球。有学者讨论了利用几何学习技术与现代大数据网络技术处理大数据分类的问题，并重点讨论了监督学习技术、表示学习技术与机器终身学习相结合的问题。还有学者结合从业者和学者的定义，对大数据进行了综合描述，并强调需要开发适当、高效的分析方法，对大量非结构化文本、音频和视频格式的异构数据进行分析与利用。

国内对大数据的研究虽然起步较晚，但与经济发展的联系更为紧密。

邸晓燕等基于产业创新链视角，围绕产业链、技术链与价值链，对大数据产业技术创新力进行了分析，并通过比较案例发现，在大数据产业链方面，我国与发达国家相比存在较大差距，同时提出从技术创新链、市场机制和评价体系三方面提升我国大数据产业创新力。

周曙东通过编制大数据产业投入产出表，并利用 2017 年全国投入产出调查数据，阐述了大数据产业对经济的贡献度，为制定大数据产业发展战略提供了重要参考。

刘倩分析了大数据产业的政策演进及区域科技创新的相关要素，从驱动、集聚等角度，分析了大数据产业促进科技创新的作用机制，并实证分析了大数据产业推动区域科技创新的路径。

沈俊鑫等利用贵州省大数据产业发展数据，分别运用 BP（反向传播）神经网络模型和熵权-BP 评价模型对大数据发展能力进行测评，研究结果表明，后者的评价更为精确。

周瑛等从宏观、中观和微观三个方面对影响大数据产业发展的因素进行理论分析，并运用德尔菲法和层次分析法，实证分析影响大数据产业发展的主要因素，结果表明，影响大数据产业发展的因素由大到小依次为宏观因素、中观因素和微观因素。

胡振亚等指出，大数据是创新的前沿，并从知识、决策、主体和管理四个方面阐释了大数据对创新机制的改变。

王永国从顶层设计、人才队伍等角度分析了大数据产业协同创新如何推动军民融合深度发展。

吴英慧对美国大数据产业协同创新的主要措施和特点进行深入剖析，以期为我国大数据战略的实施提供决策参考。

综上所述，国内外学者对大数据及大数据产业的研究已经取得了较为丰硕的成果，但学界对“大数据产业”尚未形成统一的界定，且鲜有文献对大数据产业协同创新发展进行深入系统的研究。因此，本节结合我国大数据产业发展的实际情况，探讨大数据产业协同创新的动因，并提出大数据产业协同创新策略，以期为我国大数据产业的发展提供参考。

二、大数据产业协同创新概述

（一）大数据产业协同创新的概念

大数据产业协同创新是指政府部门、科研院所、高等院校、企业等主体共同参与，以互联网、物联网、大数据应用为导向，充分发挥各单位资源优势，因势利导，最终通过挖掘大数据价值促使大数据产业成为经济增长的重要支撑。大数据产业协同创新响应了国家“大众创业、万众创新”的号召，呼吁多元利益主体在良好的政策环境下共同提升大数据产业整体的理论研究和应用水平，进而形成健康的大数据产业发展生态。

在“互联网+”背景下，大数据产业的协同发展模式呈现多样化的特点，主要体现在战略协同、产业协同和技术协同三个方面：

战略协同主要是根据大数据产业的特殊性，在“中国制造 2025”战略背景下，通过工业化与信息化的融合，有效促进大数据产业协同创新发展。工业化与信息化的融合发展激发了制造业的创新活力，促进了大数据产业与制造业的协同创新。大数据产业的发展将促进制造业向高端化迈进，制造业又将反过来促进大数据产业的持续创新发展。

产业协同主要是指在工业化与信息化融合的基础上，抓住智能制造发展的契机，对工业大数据进行深度的分析，为智能制造提供技术支持。工业互联网驱动工业智能化，大数据产业中的云服务、物联网等将推动智能制造业的创新发展。

技术协同主要是指人工智能技术与大数据技术的相互渗透，通过利用已有的人工智能技术，来促进大数据产业的创新发展及实现产品的智能化。

从发展的角度可以看出，大数据产业协同创新生态体系是不断升级的，创新模式由线性向生态化发展。

（二）大数据产业协同创新运行机制

大数据产业协同创新的核心运行机制是资源共享机制。大数据产业利用协同创新平台整合相关的知识、技术、人才等资源，从而产生集聚效应，促进创新活动的开展。通过产业链上游与下游的连接，高端化的创新资源可以得到充分共享与利用；通过大数据产业协同创新，对不同参与者的运营情况进行整合、分析与处理，并将处理后的信息反馈给各参与主体，有助于为各参与者的进一步发展提供决策参考；通过完善价值链，实现参与主体的价值升级，并借助互联网平台实现人与信息的交互，持续推动大数据产业的协同创新发展。

（三）大数据产业协同创新动因分析

大数据产业主要以互联网为载体，产业链的上下游贯穿着消费主体对数据的利用。因此，大数据产业协同创新的特征表现为协同领域广和协同模式多样化。

协同领域广主要体现在以下几个方面：

在产业领域，大数据产业协同创新有助于降低各产业的成本，促进价值增值，推动科学决策。

在教育领域，大数据产业协同创新实现了教育决策的科学化和民主化。

在军民融合领域，大数据产业协同创新推动了军民融合产业的深度发展。

在城市治理领域，人们利用大数据技术，采取数据规训的方式，成功实现了城市的秩序规训。

协同模式多样化主要体现在三个方面：

第一，战略目标协同。大数据产业协同创新必然要将多个产业的发展战略目标进行有效整合，在各方达成共识后，相互合作，利益共享。

第二，产业梯度与差异化协同。大数据产业在协同创新发展过程中的梯度和差异化，能够有效促进大数据产业协同创新的高质量发展。

第三，法治保障协同。大数据产业的特点在于数据的无形性，因此对知识产权的保护尤为重要，有利于促进各主体的良性竞争。

在大数据时代，我国传统的经济发展模式已不能驱动经济的高质量发展，国民经济转型升级迫在眉睫。在此背景下，大数据产业协同创新与新旧动能转换、产业转型升级等要求高度契合，是去产能、去库存的重要技术手段，是促进经济增长的新动力。

信息技术的发展，催生了包括大数据在内的人工智能、云计算等高新技术，持续更新升级的信息技术将为这些前沿技术的融合编织稳固的纽带。在此基础上，这些前沿技术的协同创新将具有实现超级规模数据库的建立、超快速的数据分析、超高精度的数据处理等强大性能。将这些技术应用到国民经济的各个领域，有助于推动这些领域的创新，从而为国民经济的发展注入新动力。

大数据产业协同创新是提升政府治理能力的新途径。大数据产业协同创新将从加强政府公共服务职能、提高政府政务服务能力、完善政府信息公开制度、加强政务监管四个方面提升政府治理能力：

第一，大数据产业协同创新有助于强化政府的公共服务职能，推进服务型政府的建立。在大数据产业协同创新过程中，政府有关部门可以利用大数据技术挖掘民众对公共服务的精细化需求，为政府高效履行职能提供决策依据。

第二，大数据产业协同创新有助于提高政府的政务服务能力，推进智慧型政府的建立。大数据技术是一种新兴的前沿技术，政府有关部门已开始利用大数据技术将数据的规模计算、分析、处理应用于日常管理工作。大数据技术的利用有助于政府梳理海量数据，挖掘数据价值；有助于政府开通电子政务平台，实施电子政务操作，从而推动形成现代化治理体系。

第三，大数据产业协同创新有助于完善政府信息公开制度，推动开放型政府的建立。应利用大数据技术对政府工作领域内的微型数据、小型数据、大型数据进行综合分析、处理，从中挖掘出与城乡居民联系密切的有价值的数据并在政务信息中公开，促进政府数据的开放共享。

第四，大数据产业协同创新有助于加强政务监管，推进阳光型政府的建立。大数据产业协同创新将有效汇集政府工作各个环节的数据，通过大数据技术的分析功能，识别并锁定权力运行的合理范围，对权力进行有效监督，促使权力在阳光下运行。

大数据产业协同创新是实施创新驱动发展战略的现实需求。大数据产业协同创新将渗透到各个行业，带动各个行业的创新，进而驱动整个国民经济的发展。随着大数据在工业、金融业、健康医疗业等产业应用的不断深化，产业的发展方式将逐渐转变，产业发展也将不断获得新的动力。

在工业方面，2018 年 6 月，工业和信息化部印发《工业互联网发展行动计划（2018—2020 年）》，明确提出推动百万工业企业上云，而此计划只有通过工业与大数据产业协同创新才能实现。这种新型的工业发展方式是工业转型发展的有益实践，有助于提升国民经济现代化的速度、规模和水平。

在金融业方面，由大数据处理带来的量化交易等智能投顾将为金融业开辟新的蓝海市场。这种智能投顾方式不仅能弥补传统金融交易的某些不足，而且能降低交易成本。

在健康医疗产业方面，大数据产业的协同创新有助于推动“互联网+健康医疗”数据库的建立，满足患者个性化的需求，开启多元医疗应用市场，发挥健康医疗等新兴产业拉动经济增长的引擎作用。

此外，大数据产业协同创新也将减少市场中交易主体信息不对称的问题。无论是在哪种市场，都可以依据某一现实应用需求采集数据，建立相应的数据库，大数据技术将帮助企业、个人从海量的数据库中挖掘出所需信息，帮助企业、个人进行交易决策，减少信息不对称问题的发生。

三、大数据产业协同创新策略

近年来，我国大数据产业协同创新获得了快速发展，但仍存在一些问题。

首先，虽然协同创新的规模大，但质量较低。低端的大数据产业协同创新难以形成规模效应，开发成本较高。

其次，虽然大数据产业协同创新模式多样，但缺乏有效的创新。很多大数据产业协同创新模式不可复制、不可推广。

最后，大数据产业与传统产业之间难以实现有效融合。产业结构的不合理给大数据产业协同创新带来了严重阻碍。

基于以上问题，本书提出以下对策建议：

（一）构建大数据产业协同创新生态体系

随着经济的快速发展和科学技术的不断更迭，大数据产业在我国发展迅速。信息通信技术的快速发展为大数据产业的发展提供了支持，国家大数据战略和各级政府相关政策部署加快了大数据产业的发展进程。在诸多有利因素的影响下，我国大数据产业蓬勃发展，市场潜力逐步显现。

从区域发展来看，我国大数据产业区域发展差异较为明显，东部发展迅速，西部次之，中部再次之，东北部排在最后，但各地区大数据产业规模都呈增长之势。我国具有代表性的大数据产业集聚区主要分布在京津冀地区、珠三角地区、长三角地区和西南地区。其中，大数据产业最集中的地区是京津冀地区，其辐射范围也在逐渐扩大。

利用信息产业和计算中心的优势，珠三角地区不断加强大数据产业的集聚发展；长三角地区则积极推动大数据应用于公共服务领域；西南地区利用政策优势，积极培育、引入大数据产业，以带动区域经济发展。

（二）积极探索大数据产业协同创新模式

既具特色，又可以复制推广的大数据产业协同创新模式，可以为大数据产业的可持续发展提供动力。大数据产业作为新兴战略产业，其发展打破了传统产业发展模式，通过注入“互联网+”的活力，与其他产业协同发展，构建出以企业为核心的大数据产业协同创新模式。

有关部门应借助互联网中的云服务，引导其他产业与大数据产业协同发展，运用互联网技术优化整合二者间的组织关系和发展关系；要遵循市场化、信息化原则，推动大数据产业链向高端方向发展，使产业协同发展的效率不断提高；成立区域“协同创新战略联盟”，建立合作团队，共同规划本区域大数据产业协同创新发展模式，以战略联盟为纽带，形成分支智库，从技术、管理、运营等多方面探讨协同创新模式的构建，并通过不断尝试，形成较为成熟的协同创新体系。

（三）推动大数据产业科技资源信息共享

从现有情况来看，科技资源信息共享主要存在有偿共享和不共享两种情况，只有一小部分是无偿共享，但其共享方式比较单一。

虽然有关部门搭建了很多网络平台，但其仅仅提供某些资源的信息简介，并不展现具体的资源内容。因此，有必要搭建大数据产业科技资源信息共享平台，将不同部门收集到的资源信息进行共享。

政府各部门应对资源进行有效协调，保证信息沟通顺畅，解决多种来源信息的管理问题；定期对资源保存单位开展监督和评价工作，为科技资源信息的共享保驾护航。

政府还要处理好各科研单位间的信息管理关系，设立专门的岗位，安排专人从事资源的共享工作。参与共享的单位应积极遵守共享协议，及时反馈共享资源利用情况。

（四）促进大数据产业结构不断优化升级

大数据产业结构的优化升级主要涉及大数据对于政府、企业和个人的应用价值的提升。挖掘大数据在企业方面的价值，是实现企业资源优化配置的关键所在。企业是大数据产业协同创新的重要载体，因此要利用大数据技术深度挖掘企业在发展大数据产业方面的客观条件，选择优质企业来推动大数据产业的协同创新发展。企业在积极挖掘大数据的商业价值的同时，也要兼顾社会和个人的价值，使整体利益最大化。大数据分析结果可以为政府决策提供参考，有助于改善民生。政府不仅是大数据的主要支配者，而且是大数据产业协同创新发展的主要评价者。

在工业化和信息化深度融合的背景下，大数据在促进企业，特别是工业企业信息化水平的提升方面，能够起到至关重要的作用，而工业企业信息化水平的提升，能促进相关产业链的延伸，并推动产业链向高端方向发展。

为保证大数据产业协同创新的顺利进行，政府必须做好统筹规划、协调、组织等工作。为保证市场在资源配置中起决定性作用，也要充分发挥市场的作用。此外，在“互联网+”和智能制造背景下，应重视“未来型”大数据建设。所谓“未来型”大数据建设，就是在网民不断增加的背景下，大数据在未来可以持续产生，不断积累，并被运用到社会生活的各个领域，进而为大数据产业的协同创新发展打下坚实的基础。

第五章 大数据技术的应用

第一节 大数据的实践应用与发展趋势

一、大数据的实践应用

大数据的应用越来越广泛。很多组织或者个人都会受到大数据的影响，但是大数据是如何帮助人们挖掘出有价值的信息的呢？

（一）理解客户、满足客户需求

对于企业来说，大数据的应用重点是如何通过大数据更好地了解客户及其喜好和行为。为了更加全面地了解客户，在一般情况下，企业会建立数据模型进行预测。比如，超市可以通过大数据更加精准地预测哪些产品会大卖。

（二）改善人们的日常生活

大数据不单单只是应用于企业和政府，同样也适用于生活当中的每个人。例如，人们可以利用穿戴装备（如智能手表、智能手环等）生成最新的运动数据，或者利用大数据分析来寻找爱情——大多数交友网站会利用大数据应用工具，为有需要的人匹配合适的对象。

（三）提高医疗和研发水平

人们利用大数据分析技术，可以在几分钟内完成 DNA（Deoxyribonucleic Acid，脱氧核糖核酸）解码工作，并且帮助研究人员制定出最新的治疗方案。大数据技术目前已经在医院应用。例如，监视早产婴儿和患病婴儿的情况。通过记录和分析婴儿的心跳，医生就可以对婴儿可能出现的不适症状进行预测，相关数据也可以帮助医生更好地救助婴儿。

（四）提高体育成绩

现在很多运动员在训练的时候会应用大数据分析技术。以用于网球比赛的 IBM SlamTracker 工具为例，可以通过录制视频来追踪比赛中每个运动员的表现，再通过大数据分析技术，制定合理的训练方案。很多精英运动队还追踪比赛环境外运动员的活动——通过智能技术来追踪其营养状况、睡眠状况等，为其制定更具有针对性的训练方案。

（五）优化机器和设备的性能

大数据分析技术可以让机器和设备在应用上更加智能化和自主化。例如，相关大数据工具曾经被谷歌公司用于研发自动驾驶汽车，通过配备相机、智能导航系统及传感器，汽车在路上能够安全地自动驾驶。

二、大数据技术的发展趋势

（一）数据的资源化

数据的资源化是指大数据成为企业和社会关注的重要战略资源，并已成为大家争相抢夺的新焦点。因此，企业必须提前制订大数据营销战略计划，抢占市场先机。

（二）与云计算的深度结合

大数据离不开云处理，云处理为大数据提供了弹性可拓展的基础设备，是产生大数据的平台之一。自 2013 年开始，大数据技术已和云计算技术紧密结合，预计未来两者关系将更为密切。除此之外，物联网、移动互联网等也将一起助力大数据革命。

（三）科学理论的突破

就像计算机和互联网一样，大数据很有可能掀起新一轮的技术革命。随之兴起的数据挖掘、机器学习和人工智能等相关技术，可能会改变很多算法和基础理论，实现科学技术上的突破。

（四）数据科学和数据联盟的成立

未来，数据科学将成为一门专门的学科，为越来越多的人所认识。各大高校将设立专门的数据科学类专业，一批与之相关的新的就业岗位也将产生。与此同时，也将建立起跨领域的数据共享平台，之后，数据共享将扩展到企业层面，并且成为未来产业的核心一环。

（五）数据管理成为核心竞争力

未来，数据管理能力将成为企业的核心竞争力，企业会对数据管理有更清晰的界定。相关研究显示，数据资产管理效率与主营业务收入增长率、销售收入增长率有显著的正相关关系。此外，对于具有互联网思维的企业而言，数据资产的管理效果将直接影响企业的财务表现。

（六）数据质量是商业智能成功的关键

未来，采用自助式商业智能工具进行大数据处理的企业将会脱颖而出，其中要面临的一个挑战是很多数据源会带来大量低质量的数据。企业想要成功，需要理解原始数据与数据分析之间的差距，从而剔除低质量数据，并通过商业智能做出更好的决策。

（七）数据生态系统复合化程度提高

大数据的世界不只是一个单一的、巨大的计算机网络系统，而是一个由大量活动构件与多元参与者所构成的生态系统，这些参与者包括终端设备提供商、基础设施提供商、网络服务提供商、网络接入服务提供商、数据服务使用者、数据服务提供商、数据服务零售商，等等。如今，这样一套数据生态系统的基本雏形已然形成，接下来的发展将趋向于系统内部角色的细分，也就是市场的细分，从而使得数据生态系统复合化程度逐渐提高。

第二节 大数据在金融领域的应用

一、大数据在金融领域的应用维度分布

大数据应用的目的是发现并利用数据的价值，虽然不同的细分金融行业在大数据应用上各有特点，但动因都是寻求数据价值变现。以此为中轴，金融大数据应用主要包括四个维度：客户画像、精准营销、风险管控与运营优化。图5-1 给出了金融大数据应用场景的维度分布。

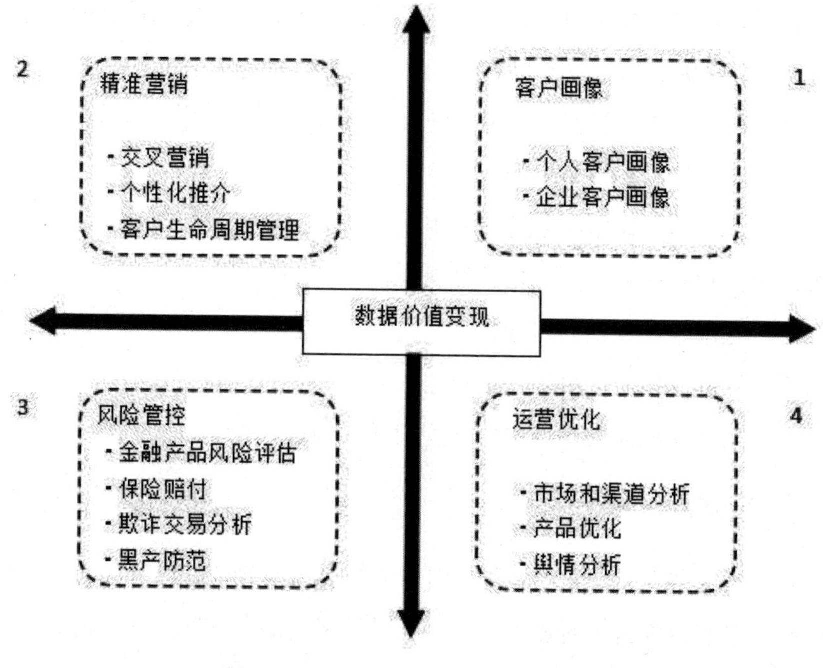

图 5-1 金融大数据应用场景的维度分布

二、大数据在金融领域的应用维度解释

由图 5-1 可见，大数据在金融领域的应用可分为以下四个维度：

（一）客户画像

客户画像，也称用户画像，是企业根据客户的社会属性、生活习惯和消费行为等信息抽象出的标签化的客户模型。构建客户画像的核心工作就是给客户贴“标签”，而标签是通过对客户信息分析而来的高度精练的特征标识，目的是进行客户识别。客户识别就是了解客户的有效需求，为下一步的产品服务营销提供依据。在大数据时代，企业需要用“上帝的视角”识别客户、找到客户。

客户画像分为个人客户画像和企业客户画像。个人客户画像包括人口属性、消费能力数据、兴趣数据、风险偏好等；企业客户画像包括企业的生产、流通、运营、财务、销售和客户数据，以及相关产业链上下游数据等。客户画像数据分布在客户关系管理、交易系统、渠道和产品系统等不同信息系统中。

客户画像分为以下五个步骤：

第一，画像相关数据的整理和集中。

第二，找到同业务场景强相关数据。

第三，对数据进行分类和标签化（定性定量）。

第四，依据业务需求引入外部数据。

第五，按照业务需求，利用数据管理平台筛选客户。

（二）精准营销

在客户画像的基础上，企业可以有效开展精准营销。精准营销有三个应用目标：一是精准定位营销对象；二是精准提供智能决策方案；三是精准业务流程，实现精准营销的“一站式”操作。

营销手段包括实时营销、交叉营销、个性化推荐，具体如下：

第一，实时营销。根据客户的实时状态进行营销，比如根据客户当时的所在地、客户最近一次消费等信息，有针对性地进行营销。

第二，交叉营销。根据客户交易记录进行分析，有效识别小微企业客户，然后用远程银行实施交叉销售。

第三，个性化推荐。例如，根据客户的年龄、资产规模、理财偏好等，对客户群进行精准定位，分析出其潜在金融服务需求，进而有针对性地营销推广。

（三）风险管控

大数据风险管控，是指运用大数据构建模型，对客户进行风险控制和风险提示。与传统风控多由各机构内设风控团队，以人工方式对企业客户或个人客户进行经验式风控不同，大数据风控通过采集大量客户的各项指标进行数据建模的方式更为科学、有效。大数据风控可以广泛应用于金融产品风险评估、保险赔付、证券、欺诈交易分析、黑产防范、消费贷款多个业务领域。

（四）运营优化

运营优化的目的是让企业在一个集成且开放的平台上建立完整的大数据应用体系，从连接全渠道到各种用户数据的集中管理，从大数据分析到可执行的最佳运营策略，从自动化执行到效果监测，帮助企业内外协同。运营优化的主要内容包括：市场和渠道分析、产品优化、舆情分析。

金融大数据应用的四大维度各司其职而又相互关联，以价值发掘为核心，形成了严密的内在逻辑关系，凭借金融大数据分析的先进技术处理手段，共同助推大数据的价值实现，提升金融服务效率。

第三节 大数据在电子商务中的应用

“云数据”的出现打破了数据的时间、空间限制，大数据时代的大门由此开启。电子商务本质上是一种零售模式，与线下销售模式相比具有更容易获取消费者数据、商品数据的特点。国内几家大型的电子商务网站都有着超过千万级别的活跃用户，某知名电子商务网站每天的交易额超过 1 亿，订单量超过 50 万，企业内部有着复杂的运营流程，这些都应该是数据发挥重要作用的环节。充分利用数据可以提高效率，节约成本。

某咨询公司对近 1 200 家企业的调查显示，97.9%的企业认为数据分析对于电子商务运营很重要。但事实上，企业对数据的利用程度还远远不够，整个零售行业只有 21%的企业在使用大数据。

然而不可否认，大数据正在电子商务企业中慢慢普及。据统计，近半数的电子商务企业计划全面启动大数据战略，与此相对的是超过半数的被调查企业认为自身电子商务数据分析能力欠缺。

大数据时代的到来，为管理者的观念转变和数据利用方法创新提供了新的思路。数据的使用将与企业运营发展更好地结合，大数据分析、挖掘技术等应该受到电子商务管理者足够的重视，也应该在电子商务运营中得到更为深入和广泛的应用。为了最大化地利用数据，电子商务网站针对买家和卖家提供了不同的数据产品和服务，并且不断提升自身的内部建设，优化外部环境，实现对数据的多维度应用。详见表 5-1。

表 5-1　大数据在电子商务中的多维度应用

数据采集	数据存取	基础架构	数据处理	数据分析	模型预测	结果预测
ETL 工具	关系数据库、NOSQL、SQL	云存储、分布式文件存储	NLP	统计分析方法、数据挖掘方法	预测模型、机器学习、建模仿真	云计算、标签云、关系图

信息技术的发展，使一些产品和服务开始以数字的形式存储、传输和交易，可贸易程度大大提高。数字经济时代，云、网、端的发展正改变着服务业不可贸易、难贸易的局面。

第一，服务存储载体的演进，磁盘、光盘、移动硬盘等传统的数字化存储设备正在被虚拟的、线上的云存储取代，推动存储成本的降低、存储方式的优化和存储服务的演进。

第二，服务传输渠道的改善，全球网络普及率、速率稳步提升，网络使用价格持续下降，形成一个高效的数字化航道，数字化的产品和服务从云端通过网络快速流入千家万户。

第三，服务输入、输出设备的升级，从台式计算机、笔记本电脑到现在的智能手机、车载智能终端，硬件和终端设备快速升级迭代，为更优质、更丰富的数字产品服务提供了可能。

由于数字产品和服务本身具有零边际成本的特性，可贸易程度大大提升，将进一步促进相关产业与贸易的发展。这主要得益于以下几个方面：

第一，数据要素成为新的贸易产品。20 世纪 90 年代以来，数字化技术飞速发展，人类 95%以上的信息都以数字格式存储、传输和使用，同时数据计算处理能力也提升了上万倍。由网络所承载的数据、由数据所萃取的信息、由信息所升华的知识，正在成为企业经营决策的新驱动、商品服务贸易的新内容、社会全面治理的新手段，带来了新的价值增值。相较于其他生产要素，数据资源具有可复制、可共享、无限增长和供给的优势，打破了传统要素有限供给对增长的制约，为持续增长和永续发展提供了基础与可能。

第二，全球大数据产业稳步发展。2020 年中国大数据相关市场的总体收益达 100 多亿美元，增幅领跑全球大数据市场。有报告预测认为，2020 年—2024 年，全球大数据技术与服务相关收益将实现 9.6%的复合年均增长率，预计 2024 年将达到 2 877.7 亿美元。美国、英国、荷兰、瑞典、韩国、中国等多个国家提出大数据相关战略，通过加大技术研发投资、强化基础数据库、推动数据开放共享等途径促进大数据产业发展。

第三，全球数据流通规则博弈加剧。2018 年 3 月，美国通过《澄清域外合法使用数据法案》，默认美国政府能够直接从全球各地调取所需数据。2018 年 5 月，欧洲联盟出台《通用数据保护条例》，对企业数据使用方式进行了限定，任何收集、传输、保留或处理涉及欧洲联盟所有成员国的个人信息的机构组织均受该条例的约束。2024 年 3 月，国家互联网信息办公室经 2023 年第 26 次室务会议审议通过，公布《促进和规范数据跨境流动规定》，目的在于保障数据安全，保护个人信息权益，促进数据依法有序自由流动。

第四，越来越多的服务变得可以贸易。过去，生产、物流、金融技术的变革降低了跨境有形货物贸易的成本，催生了全球化的制造业。21 世纪，信息通信技术发展应用不断深化，迅速降低了跨境服务贸易的成本，一个高效率的全球服务市场即将到来。例如，在医疗领域，以往大多数医疗服务都是由当地医生和医院提供给当地病人的，可及性有限，竞争性不足，医疗质量受国家、地区，甚至社区的影响较大；现在世界上任何人都可以通过互联网连接，访问医疗信息，越来越多的医疗程序，如诊断、分析，甚至某些类型的手术都可以远程执行。事实上，服务业全球化的发展速度可能比预期来得还要快，因为新技术不仅能使现有服务业多次进行跨国贸易，而且有助于推动尚未想象到的新服务业的发展。

一、大数据挖掘在客户关系管理中的应用

（一）潜在客户的获取

在商业领域，新客户的获取能力被当作一项评判业务发展能力的重要指标。获取新客户的传统方法有很多种，企业可以通过市场部门开展的广告活动、营销活动等获取新客户，也可以根据所了解的目标客户群，将客户分类，进行直销活动。但是，随着大数据时代的到来，客户数量不断增加，客户行为细节要素急剧增多，传统方式受到挑战，大数据分析、挖掘技术在实现对潜在客户的高效筛选方面发挥了重要作用。

现如今，越来越多的企业早已超越了与大数据和传统分析打交道的第一阶段，需要形成锐利的见解，企业的营销人员已经不再满足于仅仅获得一线消费者的一般性的统计数据（如消费者的住址、年龄分段、性别比例），他们想要了解更多诱发消费者购买行为的复杂因素。

（二）原有客户的保持

“企业 80%的业务收入来自其 20%的客户。”然而，随着市场竞争越来越

激烈，获得一个新客户的开支也在增加，是保持原有客户成本的数倍甚至数十倍。所以相比之下，在努力降低获取新客户的成本的同时，维护原有客户显得越来越重要。

电子商务模式消除了客户与销售商之间的空间距离，使传统的营销模式不再适用，这就要求电子商务网站要转变以利润为中心的观念，转而实施以客户为中心的营销活动。

针对自己的原有客户，企业在客户关系管理中，应该对客户信息进行实时分析，通过预测处理，找出可能流失的客户，并分析他们想要离开的原因，在此基础上，有针对性地挽留这些客户。

事实上，影响客户忠诚度的因素非常多，有客户自身的因素、企业的因素，还有客户和企业以外的其他因素。但除了企业自身，其他都属于不可控制或难以控制的因素。因此，企业可从自身寻找影响客户忠诚度的原因。比如某个客户的忠诚度下降是因为他常买的某类商品出现质量问题或价格过高，导致该客户转向了企业的竞争对手。对于这种情况，企业需要对客户信息和营销数据进行分析，找出客户忠诚度下降的原因，并有针对性地采取措施，挽回那些即将流失的客户。大数据挖掘技术可以帮助企业建立客户忠诚度分析模型，使其了解哪些因素对客户的忠诚度有较大影响，从而采取相应措施。由此可见，大数据挖掘技术对分析客户忠诚度具有重要的应用价值。

在互联网上，每一个销售商对于客户来说都是一样的，客户在某个销售商的销售站点驻留时间越长，就越有可能购买该销售商的产品。这对销售商来说既是一个挑战，也是一个机遇。为了使客户能在自己的网站上驻留更长的时间，销售商必须全面掌握客户的浏览行为，知道客户的兴趣及需求所在，并根据客户需求动态调整 Web（网络）页面，提供特有的商品信息和广告，提高客户满意度，从而延长客户在自己网站上的驻留时间。

实施客户关系管理战略，更重要的是通过大数据挖掘为客户提供与众不同的个性化服务。基于大数据挖掘的电子商务推荐系统，通过挖掘客户的访问行为、访问频度、访问内容等信息，提取客户特征，获取客户访问模式，据此创建个性化的电子商店，主动向客户提供商品推荐，帮助客户更快捷地找到感兴趣的商品。这是一种全新的个性化购物体验，不仅使访问者转变成购买者，而且可根据客户当前购物车中的物品，向客户推荐一些相关的物品，提高站点企业的交叉销售量，甚至还可以根据需求动态地向客户推荐其他页面，展示个性化的商品信息和广告，提高客户对访问站点的兴趣和忠诚度，防止客户流失。

（三）提供个性化服务

个性化服务不仅有利于留住老客户，还将源源不断地吸引新客户加入。标准化服务的最大弊端就在于，企业把所有客户当作一个客户来对待，而当客户发现有其他可以满足自己需求的服务时，很容易转移到别的商家。相比之下，个性化服务在满足客户多样化需求方面更具优势，但相应的管理成本更高，至于高多少则要看个性化的程度。

针对客户独特需求的个性化服务可以作用在各行各业，但是能充分利用数据价值的依旧是与网络相关的产业和产品。其中最大的优势就是，企业可以通过技术支持实时获得用户的在线记录，并及时为他们提供个性化服务。2013年7月，某视频网站的PC客户端全面改版，新版最大的特点就是依靠数据分析，在首页为用户提供全面的个性化视频内容推荐。也就是说，不同用户的PC客户端将显示不同的首页内容，而且都是自己感兴趣的。

对消费者行为的研究观点众多，经济学界有很多种理论，如跨期消费理论、行为理论、随机理论等，但这些理论基本是宏观层面的。电子商务平台掌握着大量的消费者购买行为数据，微观领域的研究将是主要方向，甚至可以具体到某一个用户。《蓝海战略》一书曾经讲到差异化的一种识别方法——战略布局图，电子商务通过大数据分析可以有效地识别与竞争对手产生差异的原因，开创新的蓝海战略，为消费者提供更舒适的购物体验。具体有以下三种方式：

1.产品检索服务

电子商务网站往往会在数据库的基础上，按多种指标（如点击量、评论数、转发数、下载量、销量等）为用户提供不同的内容排序方式，从而使页面呈现的内容更符合用户的需求，不同的排序显示方式将直接改变用户的购买路径。例如在某商城页面，当用户输入关键词、进入搜索页面后，会看到销量、价格等不同的排序方式，每一种排序方式都会提供完全不同的卖家，展示完全不一样的内容。

此外，各大电子商务网站为了提供更好的信息搜索体验，开发了不同的数据模型，不断优化站内搜索引擎，具体如下：

第一，在用户搜索关键词的时候实现智能联想，根据用户搜索的关键词热度进行联想，使用户的搜索更加便捷、迅速。

第二，网站的搜索系统会实时更新热搜词并进行页面的展示和推荐，让用户更快地找到热销商品。

第三，网站的关键词系统会筛选部分自营商品的搜索关键词并加以优化更新，转化率低的关键词将被淘汰，新一批的关键词又会被补充进来。此外，商品的管理还与库存系统对接，一旦库存不足，搜索系统将显示商品售罄的信息。

第四，关键词的管理与用户的搜索数据、浏览数据，以及竞争对手的商品上线情况相对接，明确是否有用户喜欢但商家未上架的商品，再考虑是否引进，以便及时上架新的关键词。

第五，通过用户的历史评价生成搜索关键词，如很多用户在购买某一款产品后评价类似“送给父母”的关键词，系统就会智能处理此类评价数据，分析出用户经常送给父母的礼物类型，当其他用户搜索“送父母礼物”这个关键词后，搜索页面会按照热门程度、关联程度呈现商品，极大地方便了消费者。

2.关联推荐服务

目前，推荐引擎主要有两种应用场景：一方面，当企业不知道用户关心哪些具体的内容和商品时（比如用户刚刚到达网站首页，或者只是进入了某个频道页，但未到达具体的文章页或商品页），完全基于用户过去的行为猜测他们可能会喜欢的内容和商品，这种推荐就是真正意义上的“个性化推荐”；另一方面，当用户已经在关注某件具体的商品时，企业推荐出与该商品有某种关联的其他商品，这种推荐就是“关联推荐”。

通常，电子商务网站会参考用户“已经浏览”“已经收藏”“已经购买”“已经打分”的商品来判断用户的兴趣爱好，然后向用户推荐更多可能感兴趣的商品。如果用户出现新的购买或打分记录，或者兴趣发生变化，“为我推荐”模块下的商品也会随之更新。如果用户收到的推荐并不满意，可以随时修改这些推荐。这种推荐行为贯穿用户浏览、挑选、结算的整个过程，用户消费行为越多，网站推送给用户的内容越精准。

总而言之，一个好的推荐系统可以大幅提升网站浏览转化率，为网站带来新的销售机会，这既能提高电子商务网站的交叉销售能力，还能提升客户对电子商务网站的忠诚度。

3.购前参考服务

目前，很多电子商务网站会与用户分享行业数据，帮助用户了解流行购物趋势，提供购物指导。例如，某网站上线的官方免费数据分享平台，通过展现平台上的人群指数、热销指数、价格指数、搜索指数、成交指数、喜好度等与电子商务相关的数据来反映行业的各项指标，呈现当下流行购物趋势；某网上购物商城也推出了网络购物行为指数，指数分为品牌指数、产品关注指数及消费指数三大类，数据来源于消费者在其商城的实际点击率及订单数据。消费者可根据相关指数了解当前市场最为热门的产品、型号及品牌，为购买相关产品提供参考。

二、大数据挖掘在卖方经营决策中的应用

（一）运营决策

通过大数据挖掘，企业可以分析顾客的潜在行为，测评市场投资回报率，得到相对可靠的市场反馈信息。这不仅可以大大降低卖方的运营成本，而且便于制定产品营销策略，优化促销活动。比如，通过挖掘商品访问和销售情况，企业能够获取客户的访问规律，针对不同的产品制定相应的营销策略。再如，企业可利用大数据挖掘技术，对不同商品优惠策略进行仿真分析，即可根据数据挖掘模型模拟计费和出账流程，并根据仿真结果发现优惠策略中存在的问题，从而做出相应的调整或优化，实现促销活动的收益最大化。

如今，在大数据时代，越来越多的专业化电子商务平台主动向网站上的卖方提供专业的数据解读与分析报告服务。这里的数据分析主要包括需求挖掘、订单分析、买家分析、售后服务与运营支撑分析、供应链分析、商品优化分析、营销效果分析、店铺基础运营分析等。大数据技术实现了对企业资源信息的实时、全面、准确掌握。比如，通过分析历史财务数据、库存数据和交易数据，卖方可以发现资源消耗的关键点和主要活动的投入产出比等，从而为资源优化配置提供决策依据。

通过专业化的数据产品应用和可视化的数据图表展示，卖方能够清晰地发现自身运营背后存在的问题，同时数据产品能够提供专业的解决方案，帮助卖家科学决策，而不是盲目地凭借主观经验制定运营策略，进而达到提高店铺流量、提升产品排名、提高订单转化率的目的。

某专业的食品 B2C 网站内密集的广告推广和活动促销使网站流量快速增长，但也带来了用户上网体验快感下降、后台处理工作量加大等问题。该网站从其他购物网站的购物流程中受到启发，将原来三步到四步的操作缩减到一步，这一改变使该网站的订单转化率提高了 30%。订单的增加除了依靠会员的

自然增长，还与网站商品的优化有很大关系。在线营销部会分析来自各个渠道的信息与会员的相关购买数据，如深入分析某次参与促销的200种商品的销售额，分析首页上的推荐，替换那些销售量较小的商品。这些分析也会用于对会员的商品推荐，分析结果最终将反馈到商品采购环节。此外，另一网站还运用网络公关进行舆情监测，从各类渠道上收集分析用户的评论和建议，以此优化并调整网站的商品品类。

（二）营销推广

运用大数据分析、挖掘技术实现营销优化的一个典型例子就是美国运通公司，该公司拥有一个数据量达到54亿字符的数据库，主要用于记录信用卡业务。据调查，其数据仍在随着业务的开展而不断更新。运通公司通过对这些数据进行挖掘，制定了一个名为“关联结算优惠”的促销策略，即如果一个顾客在一个商店用运通卡购买一套时装，那么在同一个商店再买一双鞋，就可以得到比较大的折扣，这样既增加了商店的销售量，也提高了运通卡在该商店的使用率。

并非所有的电子商务卖方都具备自助采集、分析和挖掘海量数据的能力，但专业化的大型电子商务平台可以。如今，已经有越来越多的电子商务平台和第三方研发机构合作，共同推出针对中小型卖方的营销推广产品，主要包括会员营销、促销工具、互动营销、店铺推广和导购展示几大类。实际上，电子商务平台针对卖家的营销推广很大程度上都是流量推广，最大限度地将站内、站外流量引入目标店铺成为平台最重要的职责。

除此之外，利用大数据挖掘技术可以实现对网络广告组合的优化投放。综合分析消费者的消费行为、浏览模式及不同的消费需求，精准评价各种广告手段，分析营销效益。根据评价的结果，企业可以确定最佳的商品广告宣传组合方式。产品的广告形式和位置也依据顾客对商品的关注度的不同而有所差异，从而最终达到提高广告的针对性，进而提升广告整体收益的目的。

（三）市场响应

大数据挖掘有利于提高企业对市场变化的响应能力和创新能力。通过快速提取商业信息，大数据挖掘技术能使企业准确地把握市场动态，最大限度地利用人力资源、物质资源和信息资源，合理协调企业内外部资源关系，产生最佳的经济效益，推动企业向科学化、信息化、智能化方向发展。

三、大数据挖掘在网站内部优化中的应用

电子商务网站是企业开展电子商务的基础设施和信息平台，是电子商务系统运转的承担者和表现者。因此，电子商务网站的设计是否合理，运营机制是否健全，用户使用是否满意，安全是否得到保障，是影响企业电子商务成败的关键。

（一）站点结构优化

一个较为成功的站点，一定是保持较高回头率和较长客户驻留时间的站点，针对这一特征，网站除了提高站点信息的自身质量外，还要解决站点和页面的合理布局问题。这正如超市的商品摆放规则，合理摆放商品有助于提高销售额。网站应利用关联规则发现有用的信息，动态调整站点结构，让客户更容易访问到想访问的页面。根据用户访问习惯，将页面信息合理地呈现在用户面前也是站点优化任务之一。网站应利用聚类分析将用户的众多访问行为分类，最大限度地向用户呈现常用信息。

合理的网站结构设计有利于信息的有效传递，方便访问者快速查找信息，也便于网站正式运行后的更新与维护。网站的结构包括网站的目录结构和网站的链接结构。目录结构是一个比较容易忽略的问题，目录结构的质量不仅影响浏览者访问网站的效率，还对站点以后的上传维护、内容扩充和移植有着重要的影响。在规划网站目录结构时，应注意以下几点：

第一，所有文件不要存放在根目录下。

第二，按栏目内容建立子目录。

第三，每个主目录下都建立独立的存放图片的子目录。

第四，目录的层次不要太深。

第五，不要使用中文目录和过长的目录，尽量使用意义明确的目录。

网站的链接结构是指页面之间相互链接的拓扑结构，它建立在目录结构的基础之上，可以跨越目录。链接并非越多越好，因为并不是每一个链接都会被用户经常访问，太多低效的链接会使网站拓扑结构复杂凌乱，不利于网站维护和优化。研究网站的链接结构的目的在于用最少的链接获得最优的浏览效果。

对网站站点链接结构的优化可从三个方面来考虑：

第一，通过挖掘 Web Log（网络日志），发现用户访问页面的相关性，从而增加密切联系的网页之间的链接，方便用户使用。

第二，利用路径分析技术判定一个在 Web 站点中访问最频繁的路径，可以考虑把重要的商品信息放在这些页面中，改进页面和网站结构的设计，增强对客户的吸引力，提高销售量。

第三，通过对 Web Log 的挖掘，发现用户的期望位置。如果在期望位置的访问频率高于在实际位置的访问频率，可考虑在期望位置和实际位置之间建立导航链接，从而实现对 Web 站点结构的优化。

（二）搜索引擎优化

第一，可以通过对网页内容的挖掘，实现对网页的聚类和分类，实现网络信息的分类浏览与检索。

第二，可以运用 Web 挖掘技术，改进关键词加权算法，提高网络信息的标引准确度，改善检索效果，优化网站组织结构和服务方式，提高网站的运行效率。

第三，可以通过挖掘客户的行为记录和反馈情况为站点设计者提供改进的依据，进一步优化网站组织结构和服务方式。

站点的结构和内容是吸引客户的关键。站点上页面内容的安排和连接如同超市中物品在货架上的摆放一样，把具有一定关联度的物品摆在一起有助于销售。比如，可以利用关联规则，针对不同客户动态调整站点结构，使客户访问的有关联的页面之间的链接更直观，让客户很容易地访问到需要的页面。这样的网站往往能给客户留下好印象，提高客户忠诚度，吸引客户不断访问。

（三）运营监控优化

在电子商务网站后台，各部门可以清晰地看到系统对于各项业务数据的详细记录，通过数据分析找出问题的解决方法，如分析网站流量大小和来源、新上线的产品点击率、同比环比数据、某品牌的销量等，探索出背后隐藏的规律，对网站各环节的运营起到指导作用。电子商务网站通过数据的收集与分析，实现了在后台对整体运营过程的实时监控，以便及时调整运营状态，推动其他环节有序运行，从而更好地参与市场竞争。

（四）定价策略优化

电子商务平台相较于实体店的一大优势是价格。通常来讲，自营电子商务网站会通过价格智能系统，实现对其他主流电子商务网站商品价格信息的实时抓取、储存；此外，由专门负责比价和定价的团队根据采购成本、顾客需求、利润和抓取的价格数据来建立价格模型，最终确定商品价格。同时，还能够实时调整商品价格，确保价格的灵活性和在市场上的竞争力。

例如，某网上书店建立了“比价系统”，该系统每天通过互联网实时查询所有网上销售的图书音像商品信息，一旦发现其他网站商品价格比该网站的价格还低，就自动调低该网站同类商品的价格，保持与竞争对手的价格优势。

（五）供应端监管优化

在电子商务产业链中，供应商处在上游位置，对这一环节实现高效管理，是所有具备自营商品经营能力的B2C电子商务都要克服的难题。在商品采购环节，不少电子商务平台针对供应商制定了严格的商品有效期制度，并通过采购管理系统对商品的采购、调拨等环节进行监管。这样一来，平台能够以“人工+系统”的方式双向保证供应商的商品在进入仓储环节时拥有详尽的包括生产日期在内的各项数据，并对商品进行实时监控。例如，某采购管理系统能对采购物流和资金流的全部过程进行有效的双向控制和跟踪，从而加强企业物资供应信息管理。

（六）物流环节优化

电子商务企业会将不同的商品按照关联程度和热销程度进行分类存放。商品之间关联度越大，摆放得就越近，同时畅销商品也会离包装区更近，以便拣货人员快速拣货。在拣货环节，用户订单数据经过系统处理后会形成全新的拣货任务。之后，拣货员的数据采集器上会出现相应的指令，告知他去仓库的哪个位置提取商品，这大大缩短了拣货时间，提升了工作效率。

为了使物流运输更高效，某些电子商务平台自建物流系统，推出了地理信息物联网系统，可以使物流管理者在后台实时看到物流运行情况，如车辆位置信息、车辆停留时间、包裹分拨时间、配送员与客户的交接时间等，这些都会形成原始数据。经过分析，物流系统可以给管理者提供优化流程的参考，如怎样合理使用人员、怎样划分配送服务人员的服务区域、怎样缩短每个订单的配送时间等。

总之，电子商务是现代信息技术发展的必然结果，也是未来商业运作模式的必然选择。在全球经济一体化的形势下，应该加强网络基础设施建设，积极推动企业的电子商务化进程，健全电子商务的安全立法，完善物流配送体系建设，为电子商务的发展营造一个良好的环境。同时，加强多媒体数据挖掘、文本数据挖掘和网络数据挖掘等研究，解决数据质量、数据安全与保密，以及数据挖掘与其他商业软件的集成等问题。利用数据仓库和数据挖掘等现代信息技术，充分发挥企业的独特优势，促进管理创新和技术创新，使企业在电子商务的潮流中立于不败之地。

大数据时代为中国电子商务发展带来新的发展机遇：

第一，国家及地方政策方面的大力支持与推动，为电子商务应用大数据营造了良好环境。

第二，大数据相关技术不断突破创新，为大数据时代电子商务的新发展提供了保障。

第三，消费者的“无品牌忠诚度”引发了数据挖掘竞争，利用大数据技术展开同行竞争，使出各种招数赢得消费者的关注成了重中之重。

第四，大数据技术在电子商务中的应用将有利于新时期电子商务企业的健康高速发展，体现在实现电子商务精准营销、帮助传统产业转型升级、实现应用程序高效质量评估，以及助推电子商务差异化建设上。

不同于传统的商务模式，随着大数据时代的到来，现代电子商务拥有更全面的用户数据。并且，借助大数据分析、挖掘技术，电子商务更易获得精准且具有商业价值的用户数据，以实现精准个性化营销。在大数据背景下，针对不同的数据来源，电子商务企业为了实现对数据的全面获取，要采取多元化的数据采集方式，进行多层次的数据处理与分析。

数字经济的蓬勃发展，给经济社会带来了颠覆性影响。无论是从生产组织形式，还是从生产要素等方面来看，数字经济都是一种与农业经济、工业经济截然不同的经济形态。尤其是数字经济的数据化、智能化、平台化、生态化等特征，深度重塑了经济社会形态，引发了数字经济治理的根本性变革。传统的治理理念、治理工具等，均面临前所未有的挑战，而且这些挑战是全球数字经济治理面临的共同难题。在此背景下，寻找数字经济治理的准确定位，构建适应全球数字经济发展趋势的治理体系，具有极大的紧迫性与必要性。

第六章 大数据时代的人工智能

第一节 人工智能与大数据的区别与联系

人工智能与大数据代表了互联网领域新的技术发展趋势，两者相辅相成、互学互鉴，共促发展，既有区别又有联系。

一、人工智能与大数据的区别

人工智能与大数据的一个主要区别就是大数据是需要在数据变得有用之前进行清理、结构化和集成的原始输入，而人工智能则是输出，即处理数据过程中使用的智能技术。具体分析如下：

（一）达到目标和实现目标的手段不同

人工智能是一种计算形式，它允许机器执行认知功能，例如对输入产生作用或作出反应。传统的计算应用程序也会对数据作出反应，但反应和响应都必须采用人工编码的形式。如果出现任何类型的差错，就像意外的结果一样，应用程序就无法作出反应。而人工智能系统则会不断改变它们的行为，以适应调查结果的变化并修改它们的反应。

支持人工智能的机器旨在分析和解释数据，然后根据这些数据来解决问题。计算机通过学习，会了解如何对某个结果采取行动或作出反应，并在未来知道采取相同的行动。

大数据是一种传统计算。它不会根据结果采取行动，而只是得出结果。它定义了非常大的数据集，在大数据集中，可以存在结构化数据，如关系数据库中的事务数据，以及结构化或非结构化数据。

（二）使用上有差异

应用大数据主要是为了获得洞察力。例如，一些网站可以根据人们观看的内容向观众推荐其可能感兴趣的电影或电视节目，这正是因为其利用大数据，分析了客户的习惯以及他们的喜好。

人工智能可以帮助人们更好地进行决策。无论是自我调整软件还是检查医学样本，人工智能都会自动完成相应任务，与人类的处理方式相比较，其处理速度更快、错误更少。

二、人工智能与大数据的联系

人工智能与大数据虽然有很大的区别，但它们仍然能够很好地协同工作。人工智能不会像人类那样推断出结论，而是需要大量的数据作为支持。人工智能应用的数据越多，其得出的结论就越准确。在过去，人工智能由于处理器速度慢、数据量小而不能很好地工作，并且当时互联网还没有广泛使用，所以很难提供大量的实时数据。如今，人们拥有发展人工智能所需要的一切——快速的处理器、先进的输入设备、网络和大量的数据集。毫无疑问，没有大数据就没有人工智能。

例如，机器学习图像识别应用程序可以查看数以万计的飞机图像，以了解飞机的构成，以便将来能够识别它们。人工智能快速发展的关键是大规模并行处理器的出现，如 GPU 便是具有数千个内核的大规模并行处理单元，与 CPU

相比，它大大提高了现有的人工智能的计算速度。

第二节 人工智能与大数据的融合

一、人工智能与大数据的融合趋势分析

（一）大数据为人工智能的应用提供了大规模的多源异构数据

在大数据时代，人工智能系统使用的不再是样本数据，而是全量数据。有价值的数据量越大，人工智能得出的结论就越准确。正是有了大数据的数据规模，人工智能才有了质的突破。同时，人工智能的应用也反哺大数据平台更多的新数据，并通过对新数据的进一步分析，再次提高人工智能系统的智能化程度，形成良性循环。

（二）统一的数据分析与人工智能平台的融合

传统的大数据平台主要提供基于 CPU 与内存的分布式数据处理架构。近年来，随着人工智能技术及其应用的快速发展，新型大数据平台开始支持 GPU、GPU 与 CPU 混合计算、ASIC 等新的计算架构，以及人工智能编程框架。统一数据分析与人工智能平台已出现融合趋势，方便用户在大数据平台上快速开发、验证、部署人工智能应用。

（三）大数据分析技术与人工智能技术的关联与融合

大数据分析的核心技术是 SQL、统计分析与机器学习，而人工智能的核心技术包括以深度学习为代表的机器学习、知识图谱、逻辑推理和专家系统等。

大数据与人工智能在技术上已充分融合。

（四）人工智能丰富了大数据的应用场景

传统大数据分析的主要是结构化、半结构化数据，缺乏对图像、视频、语音等非结构化数据的处理能力。而由数据驱动的人工智能技术提供了分析非结构化数据的能力。传统的数据分析实现了描述性分析、诊断性分析，而融合人工智能技术的大数据分析可以实现更智能化的分析。

因此，人工智能与大数据的深度融合开始在各行各业中得到应用，未来发展人工智能技术更重要的是如何收集数据，从数据中学习，并制定智能化解决方案。

二、人工智能与大数据在标准方面的融合

（一）人工智能与大数据标准体系的融合

2018 年 4 月，由国家标准化管理委员会主办的 ISO / IEC JTC 1 / SC 42 人工智能分技术委员会（以下简称 SC 42）第一次全会在北京召开。国家标准化管理委员会工业二部主任戴红指出，人工智能是目前信息技术领域备受关注的热点。她强调人工智能的发展离不开标准化工作，SC 42 第一次全会在中国举办，体现了 ISO / IEC JTC 1 对中国的信任，为中国人工智能标准化进一步与国际接轨提供良机，也为国际人工智能标准化同行深入交流架起桥梁。中华人民共和国工业和信息化部科技司副巡视员盛喜军指出，人工智能是引领未来的战略性技术，也是推动全球经济高质量发展的重要新兴领域，其标准化工作有利于促进人工智能产业发展和技术创新。近年来，中国信息技术产业实现了持续快速的发展，为全球互联网信息技术的发展注入了新的活力。

会上，中国发起提交的 AI 神经网络表示与模型压缩、AI 知识图谱等国际贡献物成果，获得各国的一致认同，后续将在 SG 1 计算方法与 AI 系统特征研

究组中快速推进。SG 1 计算方法与 AI 系统特征研究组将积极推动基础计算方法，AI 系统相关性能、特征以及 AI 系统应用的行业实践、过程和方法等研究。此外，大会还形成重要决议：SC 42 将建议 ISO / IEC JTC 1 推动 ISO / TMB 同意其研究范围包含社会关切问题，如 AI 自治、机器人、工业物联网的无害性，AI 窃听、AI 算法歧视等问题研究。WG 1 基础工作组将开展 ISO / IEC AWI 22989 AI 概念与术语、ISO / IEC AWI 23053 基于机器学习构建 AI 系统框架两项国际标准的制定工作。

2021 年 4 月，SC 42 第七次全会及工作组会议通过网络会议召开。讨论了组织管理、外部联络等相关议题，听取了经济合作与发展组织（OECD）在人工智能领域的工作进展及 ISO TMB 智能制造协调委员会的工作内容，重建了与 SC 27（信息安全、网络安全和隐私保护分委会）联络的临时组，新建了讨论成立 SC 42 路线图组及其职责范围、组织类型、时间规划等议题的临时组，介绍了关于 ISO / IEC 42001《人工智能管理体系》重要性的报告，确认了 SC 42 的 11 项标准化项目为 ISO 及（或）IEC 的横向交付物，审议了 SC 42 下设 5 个工作组、1 个联合工作组的工作进度。

（二）大数据标准为人工智能应用与标准化提供了支撑

数据驱动人工智能的核心是从大数据中自动学习规则，并作出正确决策。机器学习技术中的通用人工智能技术要求在人工智能生态系统中，将大数据作为人工智能系统的数据源，将云计算和边缘计算作为计算基础设施，并用数据训练各种机器学习模型。数据的质量关系到人工智能系统的可信度。因此，数据质量、数据处理、数据分析等标准化是人工智能应用的基础。目前，我国的大数据标准工作组已经制定了涉及数据质量、数据处理与分析的相应国家标准，这些标准为人工智能的应用与标准化提供了支撑。

第三节 人工智能大数据技术平台的构建

人工智能和大数据技术有非常密切的关系，利用大数据技术可以更好地进行机器算法分布式工作，并且延伸到人工智能方向。将现行大数据平台的技术手段与人工智能的创新形态进行融合，相关机构和研究者可以搭建新的技术管控框架系统。对于大数据平台本身在数据运行当中存在的安全隐私问题，可由人工智能技术来升级管控机制，最终保障数据安全。在控制数据采集的过程中，可以选择其特征，并且分离认证身份和授权身份，从而更好地保证隐私不被泄露，维护用户的信息安全。

一、基于人工智能的大数据安全技术平台构建的背景及意义

伴随着技术的升级发展，人工智能、云计算、大数据作为代表性技术及创新手段，在市场经济中产生了巨大影响，为相关行业的发展拓宽了边界，实现了更具优势的数据化市场服务新生态。

在现代市场经济中，企业除了需要借助技术手段来提高自身控制水平和核心竞争力外，还需要研究新技术在当前时代背景下如何成为企业的核心价值，给企业带来更强的竞争力，从而完成资产变现的问题。数据质量是数据相关应用的基石。如何在数据量呈现指数增长的大背景下，统一数据标准、提升数据质量、深挖数据价值，并系统化推进数据资产管理，避免“数据湖”变为“数据沼泽”，是当下企业数字化转型过程中面临的共性问题。在耗费大量人力物力，积累了海量的数据，形成丰富的数据资产后，有价值的数据和数据的价值

之间还存在着“最后一公里”，而这“最后一公里”又恰恰是整个企业数字化转型中最重要的一个环节。所以，如何构建一个安全、高效的大数据服务体系，推动数据服务生态的建设，让企业可以切实地从大数据中获益，是企业数字化转型的关键。

二、数据处理的历史发展和技术创新

现代信息技术在近十年来的快速发展中呈现多样化的新形态，移动互联技术的广泛应用为各行各业的发展带来了新的可能。很多企业在内部运营管理方面出现了数据量“井喷”的态势，数据总量呈现指数级增长。数据量的迅速增加，不仅给当前企业自身数据运营管理带来了巨大压力，也对数据处理的技术水平、手段和形式等提出了全新的要求。其中，新系统的搭建和数据处理系统的不断完善，除在一定程度上突破行业数据管理的困境之外，也在一定程度上造成了“数据孤岛”问题，给企业在实际的数据运营管理和系统维护过程中带来了技术危机，也使得数据管理的整体成本不断提高。伴随数据处理技术的不断发展，技术层面的数据转型经历了多个历史阶段，不同阶段的数据技术形态有着十分鲜明的时代烙印。

第一阶段的数据处理技术与大数据技术的发展相同步，其目的在于解决“数据孤岛”问题，实现更为快速的信息共享和平台化的汇集。技术领域出现了“数据湖”这一概念。“数据湖”的主要功能在于对各类数据进行平台化的汇集，形成多源且异构的数据形态。在这一阶段，数据标准化的建立需要完成多端对接，最终形成以企业、管理者为核心的数据中心。为了能够实现技术目标，数据存储主要以结构化的存储检索机制为主，在部分数据运营当中，会采用 API 和少量 SQL 技术的支持。不过，由于 SQL 的海量数据难以实现大数据平台的动态流动性迁移，导致数据运营处理中新业务面临更高的开发技术门槛，大数据的技术创新受到严重的阻碍。

进入第二阶段后，为了能够更高效地完成结构化的数据处理，技术层面通过分布式架构形式来对架构进行更新，使得上一阶段所面临的分布式数据难题得到解决。更多企业客户开始利用分布式系统基础架构来进行独立数据仓库搭建，技术手段的应用场景也更为广泛。同样，技术门槛也逐渐降低，分布式计算在数据处理中能够处理更为海量的信息数据。

当前，技术发展进入了新的阶段，部分企业在数据处理方面已经开始应用关系型数据库作为数据处理核心，通过大数据来实现处理体系的转变。部分企业的客户在数据处理过程中，逐渐获得了计算机学习算法等智能处理的数据分布技术创新，形成了针对结构化数据的人工智能学习挖掘。随着深度学习技术和分布式技术的彼此碰撞，新一代的数据处理计算框架逐渐形成。随着计算机算力的不断提升，配合深度学习的海量数据训练，人工智能技术手段能够实现结构化与非结构化的同步数据处理。其中，非结构化的数据，如人脸识别、车辆识别、无人驾驶等，成为当前数据处理技术创新的关键。与此同时，相比于传统的机器学习，人工智能技术的数据处理创新极大减少了数据处理对于特征工程以及业务领域知识的依赖，使得机器学习在实际应用中有更低的门槛和更高的普及率。与此同时，技术优势下的可视化拖拽页面、内容丰富的行业模板，以及个性化的交互体验等，使得人工智能的应用领域也更加广泛。

三、容器云技术的整合创新

在现代企业环境中，数据资源的实际使用逐渐从单纯的 IT 部门扩散到整个管理框架，更多内部项目组及分支机构也成为数据平台的应用主体。随着数据处理技术的不断发展，不同部门之间如何进行资源隔离和管理分配，如何避免出现调度失衡，如何提高基础服务能力、降低环境搭建成本、缩短开发部署周期、全面提高支撑效能等，成为当前亟待解决的技术性问题。

在实际管理过程中，如果难以实现有效的资源隔离，就会很难满足企业客户对于数据处理的现实需要。云计算技术在数据处理当中的重点应用，在于通过虚拟化的形式来实现资源封装，完成资源隔离，这也是云计算技术关注的重点。在容器云技术出现和广泛使用以前，云计算虚拟化手段所进行的资源封装存在加载操作系统资源利用率整体过低的问题，这导致在部分厂商的云平台构建方案中资源利用不够充分，最终影响管理效果。

随着技术的不断发展，微服务技术不断升级。其中，容器云所形成的分布式操作系统，能够有效实现集群化的资源封装和管理控制，可以通过重新进行容器编排，提供基于大数据的人工智能基础服务。其中，分布式文件系统等数据库在提供基础服务的过程中，可以利用容器云编排来搭建公共服务层，完成数据仓库、数据集市或者数据图库等识别服务项目，为企业提供核心数据系统的管理服务。容器云技术通过资源隔离，实现了更为精准的类型资源分配，可以进行有效的高精度资源管理，满足了不同业务部门的平台化数据应用要求。

四、数据采集机制

依托安全技术平台的有效管控，部分企业提出了全新的安全漏洞控制方面的数据管理诉求。因此，应当不断加强数据采集工作过程中的漏洞管理，实现全方位、立体化的漏洞控制。在采集数据的过程中，需要结合不同网站的不同特征，利用网络代码、浏览器等进行数据采集，避免出现爬虫行为。结合平台中漏洞数据安全标准，可以更好地优化数据采集关键程序，并且定时、定期重启模块工作任务。在漏洞网页数据的爬取上，可以利用队列式的爬取方式，从而重新定义初始种子，结合网站漏洞数据的不同构造设计队列算法，再通过爬虫引擎的下载功能，完成网页数据的下载。在整个操作中，可以对比网页数据和定制关键字，从而更好地收集关键字搜索数据，保证漏洞数据的准确率。

五、数据特征提取与脱敏

在人工智能大数据安全技术平台构建的过程中，如果出现数据维度过高的现象，就会增加计算步骤或者出现叠加计算，最终导致维度特征不关联或者精度下降。有效解决维度难题的主要思路就是实现技术降维，也就是通过高维特征的冗余分析排除不关联数据，实现数据降维、降噪的目的，进而获得原始数据关键特征。计算机逻辑降维处理在数据认定中，会通过相关矩阵来实现数据绘制，再对绘制矩阵进行显著性验证，结合主题分析、现行识别和因子分阶来完成对数据特征的校验和有效评价，从中提取互联性更强的特征数据。

六、精细化访问的身份认证优化

针对网络环境的安全防护问题，身份加密和有效认证是常见的解决方式。身份认证作为准入机制，是通过访问用户识别筛查来实现加密的，通过加密技术所形成的数据，需要利用指定 IP 或者白名单身份来对其进行解密，从而满足获取数据的需求。在大数据平台中，可以借助网址路径来对不同身份的访问需求进行识别，所有访问身份会在网址当中形成临时身份，但是在实际的识别过程中，临时身份的识别和处理无法对用户的使用权限进行清晰的认定和分析，难以对是否为非法攻击作出准确判断。

为了解决这一问题，在平台化设计方面，可以采用身份识别认证和数据库授权相分离的原则，从而保证平台的授权用户均为合法用户。用户可以通过设定访问合法权限的方式来进行有效的身份认证。在数据信息的处理过程中，平台要遵循国家的相关法律法规，同时也要满足各项隐私策略协议，这对于数据平台的访问控制提出了更高要求。针对这一问题，笔者建议采用属性加密手段，根据加密数据建立灵敏度共享机制，从而降低密钥管理的时间成本。

在对平台进行安全控制的过程中，可以应用访问控制体系下的大数据安全应用和灵敏共享方式，为访问用户提供更加灵活的数据共享机制，最终保证在数据访问和数据调用层面的细粒度上的安全。此外，对于平台访问，还可以灵活配置参数指标，针对涉密数据进行实时访问的内容记录，以日志的形式精确记录事件顺序、资源修改等，从而形成更为完整的数据安全分析链条，确保对各类非法访问的行为特征实施有效控制。

参 考 文 献

[1]方卫华，程德虎，陆纬，等. 大型调水工程安全信息感知、生成与利用[M]. 南京：河海大学出版社，2019.

[2]高崇. 人工智能社会学[M]. 北京：北京邮电大学出版社，2020.

[3]何泽奇，韩芳，曾辉. 人工智能[M]. 北京：航空工业出版社，2021.

[4]何哲. 人工智能时代的治理转型：挑战、变革与未来[M]. 北京：知识产权出版社，2021.

[5]黄勇. 强大的智能机器人[M]. 北京：兵器工业出版社，2012.

[6]焦李成，李若辰，慕彩红，等. 简明人工智能[M]. 西安：西安电子科技大学出版社，2019.

[7]兰楚文，高泽华. 物联网技术与创意[M]. 北京：北京邮电大学出版社，2019.

[8]李建敦. 大数据技术与应用导论[M]. 北京：机械工业出版社，2021.

[9]李娟. 智慧监所实务[M]. 石家庄：河北科学技术出版社，2021.

[10]李清娟，岳中刚，余典范. 人工智能与产业变革[M]. 上海：上海财经大学出版社，2020.

[11]梁彦霞，金蓉，张新社. 新编通信技术概论[M]. 武汉：华中科技大学出版社，2021.

[12]林新杰. 本领过人的智能机器[M]. 北京：测绘出版社，2013.

[13]刘刚，张杲峰，周庆国. 人工智能导论[M]. 北京：北京邮电大学出版社，2020.

[14]闵庆飞，刘志勇. 人工智能：技术、商业与社会[M]. 北京：机械工业出版社，2021.

[15]谭铁牛. 人工智能：用 AI 技术打造智能化未来[M]. 北京：中国科学

技术出版社，2019.

[16]天津滨海迅腾科技集团有限公司. 走进大数据与人工智能[M]. 天津：天津大学出版社，2018.

[17]王健宗，何安珣，李泽远. 金融智能：AI 如何为银行、保险、证券业赋能[M]. 北京：机械工业出版社，2020.

[18]王天然. 机器人[M]. 北京：化学工业出版社，2002.

[19]武汇岳. 人机交互中的用户行为研究[M]. 广州：中山大学出版社，2019.

[20]武军超. 人工智能[M]. 天津：天津科学技术出版社，2019.

[21]徐诺金. 智慧金融手册[M]. 北京：中国金融出版社，2018.

[22]徐忠，孙国峰，姚前. 金融科技：发展趋势与监管[M]. 北京：中国金融出版社，2017.

[23]杨旭东，陈丹，宋志恒. 大数据概论[M]. 成都：电子科技大学出版社，2019.

[24]杨忠明. 人工智能应用导论[M]. 西安：西安电子科技大学出版社，2019.

[25]尹方平. 新编生物特征识别与应用[M]. 成都：电子科技大学出版社，2016.

[26]曾凌静，黄金凤. 人工智能与大数据导论[M]. 成都：电子科技大学出版社，2020.

[27]张铎. 生物识别技术基础[M]. 武汉：武汉大学出版社，2009.

[28]张鹏涛，周瑜，李珊珊. 大数据技术应用研究[M]. 成都：电子科技大学出版社，2020.

[29]周苏，张泳. 人工智能导论[M]. 北京：机械工业出版社，2020.